宁夏回族自治区创新团队"固原地区深部构造格架及其演化特征研究"项目
宁夏回族自治区青年拔尖人才培养工程计划项目(2020079) 资助

宁夏南部弧形构造带构造体系与演化

NINGXIA NANBU HUXING GOUZAODAI GOUZAO TIXI YU YANHUA

虎新军　陈晓晶　仵　阳　白亚东　等著

图书在版编目(CIP)数据

宁夏南部弧形构造带构造体系与演化/虎新军等著. —武汉：中国地质大学出版社，2022.11
　ISBN 978-7-5625-5446-2

Ⅰ.①宁… Ⅱ.①虎… Ⅲ.①山字型构造体系-研究-宁夏 Ⅳ.①P552

中国版本图书馆 CIP 数据核字(2022)第 216331 号

宁夏南部弧形构造带构造体系与演化	虎新军　陈晓晶　仵　阳　白亚东　等著
责任编辑：王　敏	选题策划：王　敏　　　　　　责任校对：李焕杰

出版发行：中国地质大学出版社(武汉市洪山区鲁磨路388号)	邮政编码：430074
电　　话：(027)67883511　　　传　真：(027)67883580	E-mail:cbb@cug.edu.cn
经　　销：全国新华书店	http://cugp.cug.edu.cn
开本：787 毫米×1092 毫米 1/16	字数：237 千字　　印张：9.25
版次：2022 年 11 月第 1 版	印次：2022 年 11 月第 1 次印刷
印刷：武汉精一佳印刷有限公司	
ISBN 978-7-5625-5446-2	定价：128.00 元

如有印装质量问题请与印刷厂联系调换

《宁夏南部弧形构造带构造体系与演化》

编撰委员会

主　　编：虎新军[1]　　陈晓晶[1]　　仵　阳[1]　　白亚东[1]
　　　　　张永宏[1]　　张世晖[2]

副 主 编：赵福元[1]　　安百州[1]　　陈涛涛[1]　　刘　芳[3]
　　　　　陈少泽[1]　　单志伟[1]　　安　娜[3]　　李昭民[1]

编　　委：卜进兵[1]　　张　媛[1]　　何　风[1]　　冯海涛[1]
　　　　　郭少鹏[1]　　曹园园[1]　　倪　萍[1]　　解韶祥[1]
　　　　　徐金宁[1]　　孙博洋[1]　　胡学彤[1]　　王　超[1]

1. 宁夏回族自治区地球物理地球化学调查院
2. 中国地质大学（武汉）
3. 宁夏回族自治区地质局

前 言

宁夏南部弧形构造带在地理位置上涵盖固原市、中卫市及吴忠市所辖地区。固原市与中卫市分别为带动宁西、宁南及周边毗邻省区协调发展、功能互补且特色突出的副中心城市,吴忠市更是与银川市、宁东能源化工基地一道构成了大银川都市圈,承担着提升宁夏核心功能、提高区域服务和辐射能力的重任,是实现宁夏区域协调发展、跨越式发展的产业高地和龙头地区。受青藏块体北东向的强烈推挤作用,宁夏南部弧形构造带逆冲推覆效应日益增强,4条弧形断裂构造变形不断显现,引起强烈的地壳变形,形成严重的地震灾害隐患。因此,深入研究该区域的构造体系、分析构造的力学成因、厘清构造演化过程具有重大的现实意义。

为充分发挥地质工作服务社会的目的,在宁夏回族自治区地质局的支持下,由宁夏深部探测方法研究示范创新团队提供技术支撑,宁夏回族自治区地球物理地球化学调查院(主编)、中国地质大学(武汉)(协助)共同完成《宁夏南部弧形构造带构造体系与演化》一书。全书以宁夏南部1∶20万重力数据为基础,综合地震、电法、磁法、钻孔等资料,运用新技术、新方法处理宁夏南部弧塑区重、磁资料,解译宁夏南部弧形构造带断裂构造特征,划定盆-岭构造体系,综合分析构造演化特征,为宁夏南部弧形构造带区域稳定性评价、重大基础工程建设及地震灾害防治等提供地学依据。

全书共分为6章:第一章介绍了区域地理、地质及地球物理概况;第二章在对1∶20万区域重力、航磁资料进行小波多尺度分解的基础上,总结出宁夏南部地球物理异常特征;第三章运用多种边界识别技术对宁夏南部弧形构造带1∶20万区域重力资料进行了系统化、精细化处理,分析了不同构造层断裂展布特征,再以深部地球物理探测成果(大地电磁测深等)为佐证,结合地质、钻孔资料,综合厘定了该区域断裂体系;第四章通过小波分析方法对Ⅴ级构造单元作进一步划分,重点解译了不同深度局部构造特征及其深浅部构造之间的转化,综合划定了研究区盆-岭构造体系;第五章在区域构造应力场特征分析的基础上,对构造时空演化过程进行了详细探究;第六章对全书进行了总结。

本书综合多种国内外先进的研究方法,对宁夏南部弧形构造带断裂体系、盆-岭构造体系及构造演化特征等进行了较为翔实的研究,在Ⅱ级构造单元分界、构造演化过程等研究方面取得了一些新认识,为宁夏南部弧形构造带地震灾害的防治、区域稳定性评价提供了地球物理方面的依据,可供地球物理、区域地质、矿产地质等专业的技术人员阅读与参考。

著 者

2022年5月

目 录

第一章　宁夏南部地理、地质及地球物理概况 …………………………………………（1）
　　第一节　地理概况 ……………………………………………………………………（2）
　　第二节　地质概况 ……………………………………………………………………（3）
　　第三节　区域地球物理特征 …………………………………………………………（13）

第二章　宁夏南部地球物理异常特征 ……………………………………………………（27）
　　第一节　重力异常特征分析 …………………………………………………………（27）
　　第二节　航磁异常特征分析 …………………………………………………………（35）
　　第二节　电性特征分析 ………………………………………………………………（40）

第三章　弧形构造带断裂体系研究 ………………………………………………………（44）
　　第一节　断裂形态解译 ………………………………………………………………（44）
　　第二节　断裂体系厘定 ………………………………………………………………（49）
　　第三节　断裂特征分析 ………………………………………………………………（64）
　　第四节　重要断裂问题探讨 …………………………………………………………（77）

第四章　弧形构造带盆-岭构造体系研究 ………………………………………………（92）
　　第一节　局部构造解译 ………………………………………………………………（92）
　　第二节　局部构造特征分析 …………………………………………………………（94）
　　第三节　深浅部构造转化 ……………………………………………………………（112）

第五章　弧形构造带构造演化特征 ………………………………………………………（115）
　　第一节　已有研究成果 ………………………………………………………………（115）
　　第二节　区域构造应力场特征 ………………………………………………………（116）
　　第三节　构造时空演化 ………………………………………………………………（123）

第六章　结　语 ……………………………………………………………………………（133）
　　第一节　结　论 ………………………………………………………………………（133）
　　第二节　建　议 ………………………………………………………………………（134）

主要参考文献 ………………………………………………………………………………（135）

后　记 ………………………………………………………………………………………（139）

第一章　宁夏南部地理、地质及地球物理概况

　　研究区位于宁夏中南部,行政区划属于中卫市、吴忠市与固原市共同管辖范围,其中研究区西北角分布于海原县,东北部属于同心县下辖范围,南部区域则包含原州区、西吉县、彭阳县及泾源县全境,整体呈南窄北宽不规则扇状分布。研究区南北长 236km,东西宽 152km,总面积为 27 050km²(图 1-1)。

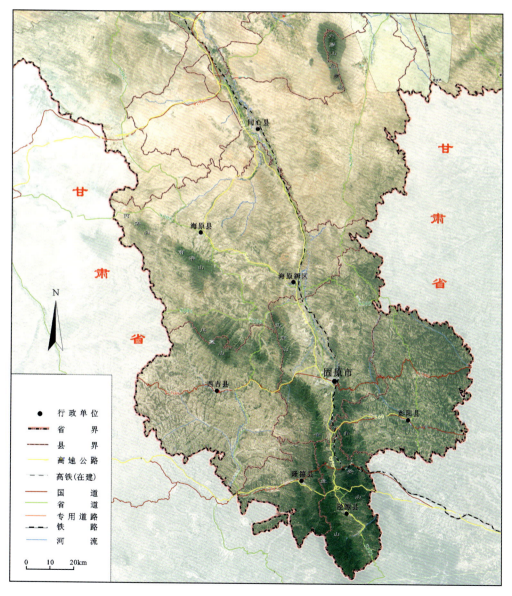

图 1-1　研究区地理位置图

第一节 地理概况

一、交通概况

研究区交通堪称便利,宝鸡—中卫铁路贯通南北,紧密连接同心县、原州区、泾源县等,于六盘山镇延出宁夏回族自治区境内,直达甘肃平凉市;福银高速(福州—银川高速公路)与宝中铁路相伴而行,共同组成了宁夏中南部地区南北向货运、客运大动脉。京藏高速(北京—拉萨高速公路)于桃山附近与福银高速合并,西南向延入甘肃,直达兰州。重要的是,由国道与省道联合组成了完善的"三纵三横"道路交通网络,它们连接着宁夏南部各市县,极大加强了宁夏中南部地区的经济互通与人员流动。为了进一步改善山区、县区与地级市的交通状况,相应的支线高速网络也进一步完善,同海高速(同心—海原高速公路)、黑海高速(黑城—海原高速公路)、固西高速(固原—西吉高速公路)、青兰高速(青岛—兰州高速公路)的相继通车,不仅使本区域市县之间的交通更为便利,更是架起了与周边省份间的沟通桥梁,促进了该区的经济发展。

二、自然地理概况

研究区所处的宁夏中南部地区,位于黄土高原的西缘,属中低山和黄土丘陵地貌,以山地及黄土塬、峁、梁为主。地形东南高、西北低,区内海拔最高的为六盘山地区,一般海拔介于 1605~2328m 之间,米缸山为其主峰,最高海拔 2928m,最大相对高差 1323m。

区内水系较发育,清水河呈南北向,起源于固原市西南的六盘山区,沿山谷腹地一路北流,于黄羊湾附近汇入黄河,为宁夏回族自治区境内黄河最大支流河,流经之处孕育了富饶的清水河河谷盆地。彭阳县境内的茹河、泾源县境内的泾河及西吉县境内的葫芦河流程短,水量相对较小,水流长年不断,滋养着黄土高原干涸的土地。区域水利资源总量约 9.3 亿 m^3,地下水储量约 3.24 亿 m^3。

该地区实有土地 167.83 万 hm^2(1hm^2 = 0.01km^2),其中耕地 42.61 万 hm^2、林地 26.67 万 hm^2、牧草地 77.78 万 hm^2。土地森林覆盖率 9.7%。活立木蓄积量 240.1 万 m^3,其中天然林活立木蓄积量 121.7 万 m^3。

区域温带大陆性气候特点鲜明,春暖迟,夏热短,秋凉早,冬寒长。夏季干旱少雨,冬季严寒多风,无霜期短。年平均气温 5~7℃,平均降水量 260~280mm。易多发干旱、大风、沙尘、冻害、冰雹、暴雨等灾害,给农业生产造成很大的损失。

三、社会经济概况

受地理环境影响,宁南地区经济发展以农业为支撑,工业较少。农作物以小麦为主,年种植面积约 20 万 hm^2,产量 21 万 t;宁南地区是除卫宁平原以外,宁夏回族自治区境内第二大粮食产量大区。经济作物品种繁多,主要有马铃薯、豆类、糜、谷、荞麦等。其中马铃薯种植面积 6.67 万 hm², 年总产量 100 万 t 以上, 是产区农民脱贫的主要依靠; 胡麻种植规模十分可观, 年种植面积约 5.3 万 hm², 总产量达 8 万 t, 成就了固原地区"宁夏油盆"的美誉。此外, 葵花、甜菜、枸杞、甘草等其他经济作物种植面积也在逐年扩大, 带来的经济效益日渐显现。

除种植业外, 畜牧业则是本区另一大优势产业, 畜种以牛羊为主, 年存栏量达 44 万头, 后期牛羊肉深加工业蓬勃发展, 产品远销欧美地区。

六盘山、云雾山两个野生自然保护区资源丰富, 现已查明的中药材有 400 多种, 适宜人工培养的种类有甘草、发菜、蕨菜、杏仁等, 品优价廉, 驰名海外, 具有广阔的产业发展前景。

宁南地区立足于本地资源现状, 优化产业结构, 新建了一批新型的农业产品深加工企业, 初步形成了以马铃薯为原料的淀粉深加工企业, 以亚麻为主原料的油品、造纸、麻纺系列, 以及以六盘山区中药材种植为主的天然野生资源开发的优势支柱产业。据统计, 全地区已有企业 500 余家, 其中三资企业、东西部合作企业、乡镇企业所占比例达 60% 以上。

第二节 地质概况

一、地层

依据新编的《中国区域地质志·宁夏志》(王成等, 2017), 研究区所在的宁南地区处于柴达木-华北地层大区中部, 跨祁连地层区、阿拉善地层区和华北地层区(图 1-2)。

不同的地层分区代表了不同的沉积环境与演化进程, 经历漫长的地质时代, 造就了研究区现今的地质面貌。总体来看, 研究区地层发育良好, 最新的第四纪沉积层大面积分布, 占研究区面积的 80% 以上, 以马兰组(Qp_3m)为主, 常见于基岩山坡、丘陵顶部与河谷高阶地之上, 构成黄土梁、峁、残塬等黄土地貌景观。前新生界发育也较全, 主要出露于南华山、西华山、罗山南部、香山、青龙山、六盘山等基岩山地区。

区内发育古元古代以来的地层, 以沉积地层为主, 层位较为齐全, 古生物门类、属种较为丰富(图 1-3)。

(一) 祁连地层区

香山南麓-六盘山东麓断裂以南地区即属此地层区, 对应于二级构造单元祁连早古生代造山带。它进一步可被划分为北祁连地层分区、中祁连地层分区和南祁连地层分区。研究区仅跨入北祁连地层分区, 四级地层划分单位称靖远-西吉地层小区, 其北东与阿拉善地层区阿拉善南缘地层分区为邻, 向南、向西均延入甘肃省境内。

区内出露中元古代、志留纪、泥盆纪、白垩纪、古近纪、新近纪和第四纪地层。中元古代的海原岩群是该区最古老的地层, 为一套主要由云母石英片岩、绿片岩、大理岩等组成的变质岩系, 具变质火山碎屑岩-碳酸盐岩建造特征, 是北祁连中元古代—早古生代海沟系的组成部分。寒武系至奥陶系在邻区见有沉积, 本区未见出露。志留纪仅有晚—顶志留世沉积,

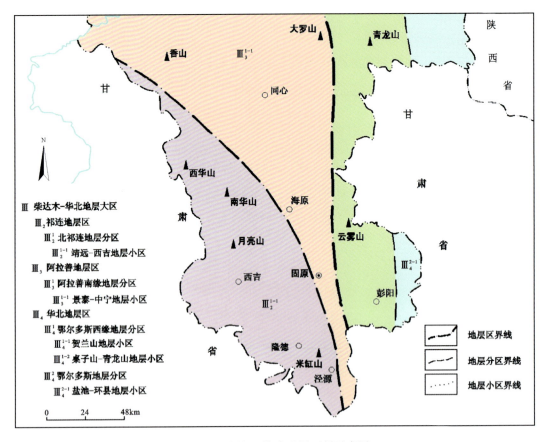

图1-2 研究区综合地层区划示意图

由滨浅海相碎屑岩组成,属与早古生代造山运动有关的残留海盆海相磨拉石建造。泥盆纪仅有早—中泥盆世沉积,为陆相红色碎屑岩,属造山后的陆相磨拉石建造。石炭系至三叠系在邻区发育良好,本区未见出露。早白垩世,区内发育内陆湖泊相沉积,即广泛分布的六盘山群,其沉积特征与鄂尔多斯盆地保安群相近,古生物组合与热河动物群相似。晚期燕山运动使区内隆起,导致晚白垩世和古新世沉积缺失。始新世至中新世,气候或暖湿或干热,内陆盆地中沉积了河湖相红色碎屑岩及膏岩。第四纪以来主要有洪积相、河湖相沉积和风成黄土堆积。

(二)阿拉善地层区

阿拉善地层区夹持于香山南麓-六盘山东麓断裂与贺兰山西麓-牛首山-罗山-崆峒山东麓断裂之间,对应于Ⅱ级构造单元阿拉善微陆块。它进一步可被划分为雅布赖-银根地层分区和阿拉善南缘地层分区,前者对应于Ⅲ级构造单元阿拉善隆起,后者对应于Ⅲ级构造单元腾格里早古生代增生楔。研究区仅跨入阿拉善南缘地层分区,四级地层划单位称景泰-中宁地层小区,其北东与华北地层区鄂尔多斯西缘地层分区为邻,西南与祁连地层区北祁连地层分区分界,向西、向北延入甘肃省和内蒙古自治区境内。

第一章 宁夏南部地理、地质及地球物理概况

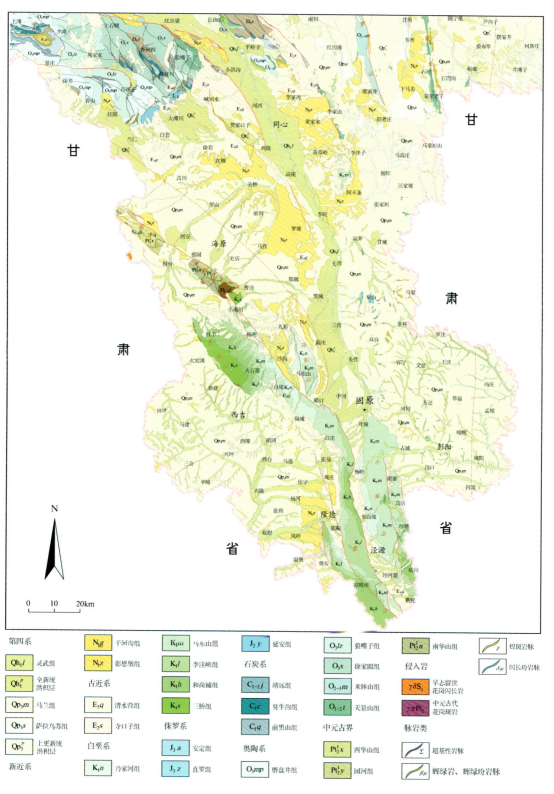

图 1-3 研究区地质图

区内发育奥陶纪、志留纪、泥盆纪、石炭纪、二叠纪、三叠纪、侏罗纪、白垩纪、古近纪、新近纪和第四纪地层。该区自早奥陶世开始接受沉积。早—中奥陶世早期为台地相碳酸盐岩沉积,产头足类、腕足类、腹足类、珊瑚和牙形石等动物化石;中奥陶世中期至晚奥陶世沉积了具复理石建造特征的米钵山组和香山群,前者产笔石,后者砾石中产中—晚寒武世三叶虫、腕足类等动物化石,二者均属大陆边缘沉积。区内志留纪地层分布局限,但层位基本齐全。早—中志留世为滨浅海相碎屑岩-碳酸盐岩沉积,产丰富的珊瑚、腕足类、笔石等动物化石;晚—顶志留世为滨海相碎屑岩沉积,具海相磨拉石建造特征。泥盆纪区内沉积环境转变为陆相,早泥盆世未接受沉积;中—晚泥盆世接受了河湖相红色碎屑岩沉积,产鱼类、两栖类、介形虫和植物等化石,属香山—卫宁北山志留纪—泥盆纪前陆盆地的上部层位。早石炭世,区内发生广泛的海侵,早石炭世早期为滨海相—潟湖相碎屑岩-碳酸盐岩及膏岩沉积,产个体特化的腕足类及植物化石;早石炭世晚期为浅海相碎屑岩-碳酸盐岩沉积,产珊瑚、腕足类、海百合茎、苔藓虫、蜓类、牙形石及植物等化石;晚石炭世为滨海相—海陆交互相碎屑岩、泥(页)岩夹泥灰岩沉积,产头足类、腕足类、双壳类、腹足类、牙形石和植物等化石。早二叠世早期继承了晚石炭世海陆交互相含煤碎屑岩沉积;早二叠世晚期发生海退,沉积环境演变为陆相,结束本区海相沉积历史,开始接受陆相沉积;中—晚二叠世接受了河流相碎屑岩-火山碎屑岩沉积。本区三叠纪地层分布局限,零星出露于小红山、大柳树和深井等地,为河流相红色碎屑岩沉积。侏罗纪地层分布局限,仅见于下流水、窑山和炭山,它们均属鄂尔多斯盆地西缘的"卫星盆地"。早侏罗世未见沉积;中侏罗世早期为温湿气候条件下河流相含煤碎屑岩沉积;中侏罗世晚期至晚侏罗世为炎热气候条件下的河湖相碎屑岩沉积。自白垩纪以来,该区古气候、沉积环境等与北祁连地层分区相似,地层发育状况、地层序列、沉积建造及古生物群特征也基本一致。

(三)华北地层区

华北地层区位于贺兰山西麓-牛首山-崆峒山东麓断裂以东地区,对应于Ⅱ级构造单元华北陆块。以车道-阿色浪断裂为界,西侧为鄂尔多斯西缘地层分区,东侧为鄂尔多斯地层分区。研究区涵盖的华北地层区面积较小,仅包括鄂尔多斯西缘地层分区的桌子山-青龙山地层小区中南部及鄂尔多斯地层分区的局部地区(宁夏境内彭阳县东部的耳城、冯庄、孟塬、涝池一带地区)。鄂尔多斯地层分区地层在研究区的分布范围较小,分布地层基本以第四系马兰组黄土为主,此处不作介绍。

桌子山-青龙山地层小区位于贺兰山地层小区东侧,东与鄂尔多斯盆地分区盐池-环县地层小区为邻,向北、向南分别延入内蒙古自治区和甘肃省境内。研究区所在区域内出露奥陶纪、石炭纪、二叠纪、三叠纪、侏罗纪、白垩纪、古近纪、新近纪和第四纪地层。除奥陶纪地层外,其余时代地层发育状况、沉积序列、沉积建造及古生物组合与贺兰山地层小区基本一致。早—中奥陶世地层特征与贺兰山地层小区相似;中—晚奥陶世沉积类型复杂,由笔石页岩相、浊流相砂板岩和壳相碳酸盐岩等组成,前者产笔石,后者产珊瑚等化石。

二、构造

(一)大地构造单元划分

研究区大地构造位置属柴达木-华北板块Ⅰ级构造单元,跨华北陆块、阿拉善微陆块、祁连早古生代造山带3个Ⅱ级构造单元,包含北祁连海沟系、腾格里早古生代增生楔、鄂尔多斯地块3个Ⅲ级构造单元,景泰-海原弧后盆地、白银-西吉岛弧、卫宁北山-香山前陆盆地等5个Ⅳ级构造单元,兴仁-海原坳陷盆地、西吉坳陷盆地、香山褶断带等9个Ⅴ级构造单元(图1-4,表1-1)。

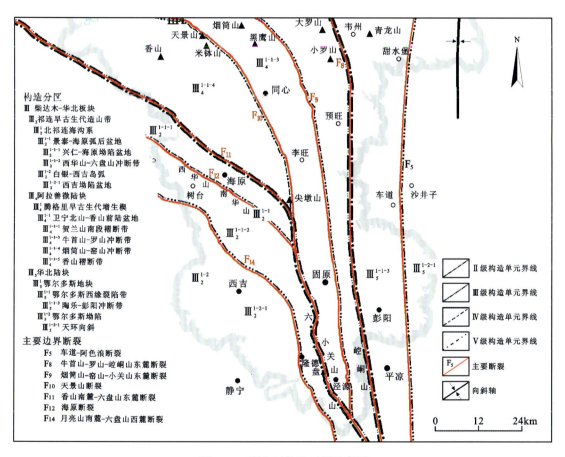

图1-4 研究区构造区划示意图

1. 祁连早古生代造山带(Ⅲ$_2$)

祁连早古生代造山带是指祁连海槽加里东期褶皱造山带,研究区仅涉及香山南麓断裂—六盘山东麓断裂以南地区,划归北祁连弧海沟系,进一步划分为景泰-海原弧后盆地与白银-西吉岛弧。

表 1-1 研究区构造单元划分表

Ⅰ级构造单元	Ⅱ级构造单元	Ⅲ级构造单元	Ⅳ级构造单元	Ⅴ级构造单元
柴达木-华北板块（Ⅲ）	祁连早古生代造山带（$Ⅲ_2$）	北祁连海沟系（$Ⅲ_2^1$）	景泰-海原弧后盆地（$Ⅲ_2^{1-1}$）	兴仁-海原坳陷盆地（$Ⅲ_2^{1-1-1}$）
				西华山-六盘山冲断带（$Ⅲ_2^{1-1-2}$）
			白银-西吉岛弧（$Ⅲ_2^{1-2}$）	西吉坳陷盆地（$Ⅲ_2^{1-2-1}$）
	阿拉善微陆块（$Ⅲ_4$）	腾格里早古生代增生楔（$Ⅲ_4^1$）	卫宁北山-香山前陆盆地（$Ⅲ_4^{1-1}$）	贺兰山南段褶断带（$Ⅲ_4^{1-1-1}$）
				牛首山-罗山冲断带（$Ⅲ_4^{1-1-3}$）
				烟筒山-窑山冲断带（$Ⅲ_4^{1-1-4}$）
			鄂尔多斯西缘裂陷带（$Ⅲ_5^{1-1}$）	香山褶断带（$Ⅲ_4^{1-1-5}$）
				陶乐-彭阳冲断带（$Ⅲ_5^{1-1-3}$）
	华北陆块（$Ⅲ_5$）	鄂尔多斯地块（$Ⅲ_5^1$）	鄂尔多斯坳陷（$Ⅲ_5^{1-2}$）	天环向斜（$Ⅲ_5^{1-2-1}$）

1）景泰-海原中元古代—早古生代弧后盆地（$Ⅲ_2^{1-1}$）

该盆地北、东以香山南麓断裂与卫宁北山-香山弧形冲断带和鄂尔多斯地块相邻，南以月亮山-六盘山西麓断裂与白银-西吉岛弧带为界，研究区境内多被新生界覆盖。该盆地向西延至甘肃，为北祁连中元古代—早古生代岛弧带北缘与前陆之阿拉善南缘的弧后坳陷地区。中元古代以海原岩群建造为代表的沉积构造环境总的来说类似于岛弧—弧后盆地。早古生代时期主体为弧后盆地构造环境，早古生代晚期以俯冲造山为主，南华山-西华山南、北麓断裂在加里东中晚期活动尤为剧烈，切割深度大，为一超壳断裂，深部岩浆沿断裂上侵。晚古生代时期与前述岛弧带一样，发育弧后前陆盆地碎屑沉积和少量上叠盆地型的陆缘坳陷型海陆交互相碎屑-泥炭质沉积层；中生代以挤压-褶皱作用为主，发育陆内坳陷盆地碎屑沉积。新生代以来以逆冲推覆为主，进而造成块体内的构造环境分化：南部逆冲隆升，而北部坳陷沉降，发育了巨厚的中、新生代上叠盆地沉积，内部以逆冲断裂和较紧闭褶皱为主。

该单元细分为西华山-六盘山冲断带与兴仁-海原坳陷盆地。

(1)西华山-六盘山冲断带（$Ⅲ_2^{1-1-2}$）：展布于西华山、南华山、月亮山、六盘山地区，呈北西—北北西走向，夹持于西华山北麓-六盘山东麓断裂与月亮山-六盘山西麓断裂之间。出露志留系旱峡组，属北祁连海槽在褶皱造山早期的残留海前陆盆地沉积，具陆源碎屑海岸沉积特征，表现为残留海近滨环境的类磨拉石建造，不整合超覆于海原岩群和志留纪花岗闪长岩体之上，与上覆地层老君山组呈不整合接触。早—中泥盆世沉积的老君山组粗碎屑岩具前陆盆地性质的磨拉石建造特征。早白垩世六盘山群表现为断陷型内陆湖泊沉积特征。冲断席加里东运动和燕山运动表现突出，遭受强烈构造变形，北北西向的褶皱、断裂极为发育。

(2)兴仁-海原坳陷盆地（$Ⅲ_2^{1-1-1}$）：位于香山南麓断裂以南、西华山-南华山北麓断裂以北的广大区域内，为一北西-南东向的新生代前陆坳陷盆地，在六盘山早白垩世湖盆沉积的基础上又上叠沉积了较厚的古近纪—第四纪地层。第四纪沉降中心位于近西华山-南华山北麓断裂一侧的兴仁堡西，受喜马拉雅期逆冲推覆作用影响明显。

2)白银-西吉早古生代岛弧（$Ⅲ_2^{1-2}$）

该岛弧呈北西-南东向展布于研究区西南部,向西、向南均延伸出宁夏进入甘肃,白银-西吉岛弧北东以月亮山-六盘山西麓断裂与景泰-海原弧后盆地分界。西吉盆地基底也发育一套早古生代火山岩-碎屑岩组合,应属白银-西吉岛弧沉积。晚古生代时期,发育弧后前陆盆地碎屑沉积和上叠盆地型的陆缘坳陷型海陆交互相碎屑-泥炭质沉积层;中、新生代以逆冲推覆-走滑为主,发育陆内拉分-坳陷盆地——西吉坳陷盆地（$Ⅲ_2^{1-2-1}$）,充填有白垩系、古近系、新近系和第四系碎屑-泥质沉积层。

西吉坳陷盆地（$Ⅲ_2^{1-2-1}$）与其北侧的西华山-六盘山冲断席以左行走滑断裂相接。受左旋走滑运动的影响,以发育雁列式褶皱为特征,褶皱规模具远离左行走滑断裂迅速减小的特点,褶皱轴迹与走滑断裂带的锐夹角指示断裂对盘运动方向。

2. 阿拉善微陆块（$Ⅲ_4$）

阿拉善微陆块呈三角形,南以香山南麓-六盘山东麓断裂为界与祁连早古生代造山带相邻,东部边界为磴口西-青铜峡-新集断裂（牛首山-罗山-崆峒山东麓断裂）。微陆块现在的位置及构造样式是经过复杂的构造变动（如大规模的推覆、滑移、火山活动、块体旋转）才最终定型的,其主体位于内蒙古自治区境内,研究区仅跨入其东南缘的腾格里早古生代增生楔西南部。

腾格里早古生代增生楔（$Ⅲ_4^1$）总体呈三角形展布:北界为龙首-查干布拉格-土井子断裂,东界为磴口西-青铜峡-新集断裂,南界为香山南麓断裂,包括腾格里沙漠南部、贺兰山南段与卫宁北山—牛首山—罗山—香山等广阔区域。早古生代时该区域沉陷明显比鄂尔多斯地块西缘及阿拉善微陆块内部深,沉积厚度大。

腾格里早古生代增生楔在研究区内的Ⅳ级构造单元称为卫宁北山-香山前陆盆地（$Ⅲ_4^{1-1}$）,它展布于土井子-青铜峡-新集断裂与香山南麓断裂之间。它在香山寒武纪—奥陶纪陆缘斜坡盆地的基础上,在志留纪—泥盆纪弧（北祁连弧盆系）-陆（阿拉善微陆块）碰撞造山过程中转化为前陆盆地,石炭纪—二叠纪在碰撞造山后进一步转化为伸展型上叠盆地,经印支期以来的各期次运动尤其是燕山期—喜马拉雅期运动过程中的褶皱、断裂、逆冲推覆,最终形成盆山相间的构造格局。

根据中、新生代以来的构造变形特征,本构造带进一步划分为以下4个Ⅴ级构造单元。

（1）贺兰山南段褶断带（$Ⅲ_4^{1-1-1}$）:褶断带北东界为土井子-青铜峡断裂,东界为卫宁北山东麓隐伏断裂（渠口—广武一线）,南界为毛土坑山南麓断裂。褶断带主要由前锋构造土井子-青铜峡断裂和土井子-古城子逆冲岩席、科学山-新井侏罗纪断陷盆地组成。在古生代地层组成的东西轴向褶皱带上叠加了南北轴向的科学山-新井侏罗纪断陷盆地。盆地内主要为中侏罗世下部含煤碎屑岩建造和上部红色碎屑岩建造,盆地西缘被大战场-新井断裂切截,断裂呈舒缓波状,见古生代地层向东逆冲推覆于侏罗纪地层之上,形成科学山冲断席;盆地内侏罗纪地层走向南北,倾向东;盆地东缘相继接受了早白垩世新井-庙山湖前陆盆地沉积和古近纪—新近纪河湖相沉积,并被北西向断裂切割。

（2）牛首山-罗山冲断带（$Ⅲ_4^{1-1-3}$）:展布于牛首山—罗山—崆峒山及其西邻广大区域内,呈北北西转南北向展布,夹持于牛首山东麓-罗山东麓-崆峒山东麓断裂与烟筒山北麓断裂之间。带变形以逆冲推覆断裂为主，间有中、新生代断陷盆地。出露地层有奥陶系米钵山组、香山群，泥盆系石峡沟组、中宁组，石炭系臭牛沟组、羊虎沟组，上石炭统—下二叠统太原组，白垩系庙山湖组、六盘山群，古近系—新近系，第四系。在加里东期—印支期强烈构造变形的基础上，燕山期发生了较强的逆冲推覆作用，北北西向褶皱断裂极为发育。喜马拉雅期，在牛首山—罗山东、西两麓的构造活动更趋强烈，地震活动频繁。

(3)烟筒山—窑山冲断带(III_4^{1-1-4})：展布于烟筒山—黑鹰湾山—窑山—炭山—小关山及清水河流域一带，南西以天景山北麓-尖山墩东麓断裂为界，北东以烟筒山-窑山-小关山东北麓断裂为界。北西抵卫宁北山褶断带，南延至固原市以南。它呈北西—北北西向弧形展布，出露地层主要为奥陶系、志留系、泥盆系及石炭系—二叠系，山麓地带及山前盆地沉积了大量白垩纪—第四纪地层。加里东运动、燕山运动及喜马拉雅运动在该带内表现突出，致使其内部构造变形强烈，发育一系列线状褶皱及次级叠瓦状逆冲断裂，构造线方向主要为北西向，并呈向北东凸起之弧形，伴随逆冲断裂，形成中卫-同心新生代坳陷盆地。

(4)香山褶断带(III_4^{1-1-5})：北东以天景山北麓-尖山墩东麓断裂为界，南西以香山南麓断裂为界，呈北西—北北西向弧形展布。褶断带主体为华北陆缘型奥陶系，其次有泥盆系及石炭系—三叠系，山麓地带及山前盆地沉积了侏罗系、白垩系及大量新生代地层。燕山运动及喜马拉雅运动致使褶皱带内部构造变形强烈，发育一系列线状褶皱及次级推覆岩席。岩席前锋为天景山北麓冲断层与尖山疙瘩推覆体，奥陶系推覆到泥盆系—石炭系和新生界之上，并造成了褶断带以麻黄沟-北沿口断层（奥陶系推覆到侏罗系之上）为界的东、西分异。

3. 华北陆块(III_5)

华北陆块之鄂尔多斯地块(III_5^1)为组成华北陆块的稳定地块之一，研究区东部区域属该地块西部，综合区划包括鄂尔多斯西缘元古宙—早古生代裂陷带和鄂尔多斯西部中生代坳陷。加里东运动褶皱隆起，形成大台子-甜水堡隆褶带（俗称宁夏南北古脊梁）；中部为上石炭统—三叠系构造层，主要由陆源海陆过渡相含泥炭（煤）碎屑岩地层和河湖相碎屑岩地层组成。海西期—印支期构造运动形成贺兰山-青龙山褶断带；上部为侏罗系与白垩系构造层，由大型陆内坳陷盆地河湖相沉积地层构成，沉积盆地展布受边界断裂限定。燕山期构造运动形成贺兰山褶断带与陶乐-彭阳褶断带、天环向斜；顶部为新生界构造层，喜马拉雅期构造运动使鄂尔多斯西缘冲断带最终定型。

1)鄂尔多斯西缘中元古代—早古生代裂陷带(III_5^{1-1})

该裂陷带西界为贺兰山西麓-土井子-青铜峡-新集断裂，东界为车道-阿色浪断裂。裂陷带包容了贺兰山古元古代地体与贺兰山-青龙山中—新元古代陆缘盆地。裂陷带经受加里东期、海西期、印支期等多期褶皱冲断变形，形成贺兰山-青龙山褶断带。燕山期—喜马拉雅期构造活动强烈，产生大规模逆冲推覆作用，构造块体相互叠压，造成地壳发生明显的缩短、增厚、块体位移，强化和改造了早期构造，形成了现今的构造格局——鄂尔多斯西缘冲断构造带，包括3个Ⅴ级构造单元。研究区所属构造单元为陶乐-彭阳冲断带(III_5^{1-1-3})的中南段，即车道-彭阳褶断带。

车道-彭阳褶断带北起甜水堡，南到平凉，多被黄土覆盖，在沟谷中偶见中元古界—下古生界出露。主冲断层走向近南北向,断面向西陡倾,造成冲断块向东掩冲。该褶断带地震与钻井资料减少,地面可见到冲断推覆现象,在车道坡见奥陶系掩冲于白垩系之上,在谢家湾见震旦系逆冲于奥陶系之上。

2) 鄂尔多斯中生代坳陷(III_5^{1-2})

该坳陷包容鄂尔多斯早古生代陆表海盆,展布于车道-阿色浪断裂以东的广大区域。研究区仅涉及彭阳东部的局部地区,属于天环(III_5^{1-2-1})向斜Ⅴ级构造单元。

天环向斜(III_5^{1-2-1})为由早白垩世保安群组成的向斜构造,向斜轴向近南北向,常舒缓波状弯曲,西翼较陡。钻探和物探资料揭示,其轴部地层为泾川组、罗汉洞组,两翼多为罗汉洞组和宜君组,东翼由罗汉洞组、环河组和洛河组组成。复向斜内部尚发育一系列宽缓的次级褶皱,局部在一翼上发育有一些小型近东西向鼻状构造。

(二) 主要边界断裂

区域内主要边界断裂有牛首山-罗山-崆峒山东麓断裂、烟筒山-窑山-小关山东麓断裂、天景山断裂、香山南麓-六盘山东麓断裂、海原断裂、月亮山南麓-六盘山西麓断裂及车道-阿色浪断裂。

1. 牛首山-罗山-崆峒山东麓断裂(F_8)

该断裂走向335°,两侧地貌分异明显:南西侧为牛首山、大罗山、小罗山等山体,地层主要由米钵山组组成,局部残存有古近系—新近系及早更新世砾石层;北东侧是以彰恩堡组为主体构成的台地,通常在台地最高一级夷平面上盖有一套早更新世水平砾石层,厚3~5m。断裂带结构复杂,由一组斜列断层组成,可分为3段:最北端为三关口段;中间为牛首山段,可分为两支,即牛首山北东麓断层和关马湖断层;南部为罗山东麓断层。

2. 烟筒山-窑山-小关山东麓断裂(F_9)

该断裂带的主体分布在烟筒山北东麓,北起余丁金沙牙石沟,向南经红山口子、九座坟、榆树沟、詹家大坡、好汉疙瘩、康麻头、小井子、马段头、康家湾,再往南穿窑山东麓及炭山西麓,在云雾山一带可能与牛首山-罗山活动断裂带合二为一,总长超过150km,走向310°。该断裂带结构较复杂,平面上由若干条长短不一的次级断层错列组成。在烟筒山东北麓,还有平行于山麓展布的小陡坎(行家窑西)、槽形地带(好汉疙瘩)、眉脊面(榆树沟南)和残留的小规模"土林"等地震地表破裂带特有的地震地貌现象。

3. 天景山断裂(F_{10})

该断裂带西自中卫市甘塘以西,向东南沿香山山地北麓延伸,止于固原市七营一带,总体呈北西向且向北东凸起之弧形,延长达200km,由数条次级断裂左阶或右阶斜列组成。断裂带在前第四纪具有强烈的挤压性质。第四纪以来断裂活动性加剧,尤其是晚更新世以来的活动,除挤压之外还兼有明显的左旋走滑特征,造成水系的变形、地质体的错位,以及次级断层间岩桥区拉分构造或挤压隆起构造的形成。

4. 香山南麓-六盘山东麓断裂（F_{11}）

该断裂有南、北两条分支，两者在固原硝口地区交会。六盘山东麓大断裂北起固原硝口，南至泾源西沟以南，并延至甘肃省陇县境内。走向北北西—近南北，全长约120km，断裂倾向南西西—南西，倾角变化大（25°～75°），断层破碎带宽约100m，据物探资料，断距可达2000m。在大湾乡杨岭一带，沿断层面或与之斜交的次级裂隙中充填有含铅、锌、辰砂的中低温热液碳酸盐岩脉。断裂由数条次级逆冲推覆断层构成，在盛义沟表现为小型叠瓦状推覆构造，断层迹线波状弯曲；北支香山南麓断裂西起西湾，沿香山西南麓的景庄、深井、香山、红圈一线延伸，至兴仁、蒿川后隐伏于海原盆地内部，根据区域地球物理资料的分析结果，断裂延至郑旗以南与马东山东麓断裂相接，构成了香山南麓断裂的整体，断裂走向北西，长约153km。根据断裂出露地表的情况，将它细分为3段：北部香山段断裂呈典型的西南倾向逆冲推覆性质，西南侧覆盖大面积的第四系黄土，局部可见石炭系、二叠系出露，东北侧为香山褶断带，奥陶系出露较齐全，磨盘井组、狼嘴子组及徐家圈组为主要的分布地层；中部海原凹陷段断裂隐伏于厚度较大的新生界之下，深部地球物理资料反映它为一条强度较小的梯级带；南部马东山段断裂逆冲特征较明显，两侧地层出露差异大，显示断裂产状较陡，为西侧马东山凸起与东侧三营凹陷的分界断裂。

5. 海原断裂（F_{12}）

该断裂西起干盐池，经西华山、南华山北麓延伸至曹洼以东，总体走向北北西。地貌特征明显，北东侧为低缓的黄土丘陵区，南西侧为陡峻的山体，遥感图像标志明显，区内断续出露60km，断面倾向西南，呈舒缓波状延伸。上盘地层主要为海原岩群，局部地段见古近系、新近系、第四系；下盘地层主要为古近系、新近系、第四系，局部见上—顶志留统旱峡组，为一多期活动的逆断层。该断裂活动最早始于加里东中晚期，导致深部岩浆沿断裂上侵，形成数个线状展布的花岗闪长岩体及闪长岩脉。喜马拉雅期断裂活动再次加剧，性质更趋复杂，各段表现差异极大，为一条产状和力学性质多变的活动断层。

6. 月亮山南麓-六盘山西麓断裂（F_{14}）

该断裂南起岳堡（东），向北经曹务、神林乡、兴隆镇、西滩乡、吉强镇、新营镇（东），总体呈北北西向展布，延伸总长约180km，于红羊乡附近被北东向展布的红羊-曹洼断裂分为南、北两段，其中南段长约100km，北段长81km。

7. 车道-阿色浪断裂（F_5）

该断裂北起内蒙古桌子山东麓阿色浪北，向南经宁夏马家滩东、萌城进入甘肃省南秋子东车道坡、冯庄直抵平凉市以东。断裂多被新生界覆盖，但物探重力、电法及地震探测结果均证实它存在。断裂在宁夏境内总长约330km，呈南北向展布，是陶乐-彭阳褶冲带东部边界。该断裂明显控制了宁夏东部中—新元古代、寒武纪、早—中奥陶世地层的沉积与分布，除在加里东期—印支期有过较强活动外，它也明显地控制了中、新生界的分布与发育：如早

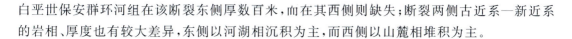

白垩世保安群环河组在该断裂东侧厚数百米,而在其西侧则缺失;断裂两侧古近系—新近系的岩相、厚度也有较大差异,东侧以河湖相沉积为主,而西侧以山麓相堆积为主。

三、岩浆岩

研究区内岩浆岩出露很少,各类岩浆岩出露面积不足 $50km^2$。岩石类型主要为中—酸性侵入岩及少量基性岩;早古生代晚期岩浆岩分布在南华山、西华山及月亮山一带。

(一)早古生代辉绿岩

该岩体沿中—上奥陶统香山群硅质岩及下部砂、板岩层间侵入,呈岩床状产出,厚数米至几十米。

(二)早古生代晚期花岗闪长岩

该岩体主要分布于南华山、月亮山,在西华山之南西与甘肃省交界处也有出露,其产出呈岩株状、岩瘤状,延展面积 $1\sim2km^2$,侵入中元古界海原群。

此外,在南华山、西华山、贺兰山、卫宁北山及固原等地发育一些规模不大的脉岩,常见的有辉绿岩脉、闪长岩脉、闪长玢岩脉、石英(或花岗)闪长玢岩脉、花岗斑岩脉和花岗岩脉等。

第三节 区域地球物理特征

一、岩石物性特征

研究区地层物性特征主要有地层密度、电性及弹性波速等。

(一)地层密度特征

涉及研究区地层密度特征的工作成果主要有3项:一是1990—1992年完成的《宁夏1∶20万区域重力调查成果报告》,在宁夏及其周边地区采集各类岩石密度标本,其密度测定的统计结果涵盖了研究区的全部区域;二是2014—2016年完成的《宁夏区域重磁资料开发利用研究成果报告》,在《宁夏1∶20万区域重力调查成果报告》(1990—1992年)标本特征分析的基础上,在全区主要基岩出露区补充采集并测定了标本,深化了前人的研究成果;三是2010—2015年,在宁夏固原地区1∶5万区域地质综合调查项目中对宁夏南部地区的岩石物性特征进行了系统性测定与分析。上述3项岩石密度测定分析结果基本能够支撑本次区域重力资料的研究工作。

1.《宁夏1∶20万区域重力调查成果报告》中岩石密度特征

20世纪80—90年代,为配合宁夏1∶20万区域重力调查,共采集各类岩石密度标本17 198块,其密度测定的统计结果见表1-2。

表 1-2 全区地层密度统计表

地层区划			地层密度/(g·cm^{-3})	
界	系(或群)	统(或组)	变化范围	平均密度
新生界(Cz)		第四系(Q)	1.30~1.65	1.47
	新近系(N)	中新统干河沟组(N_1g)	2.32~2.44	2.37
		中新统彰恩堡组(N_1z)	2.36~2.47	2.38
	古近系(E)	渐新统清水营组(E_3q)	2.26~2.57	2.48
		始新统寺口子组(E_2s)	2.37~2.54	2.44
中生界(Mz)	白垩系(K)	下白垩统(K_1)	2.44~2.64	2.52
	侏罗系(J)	上侏罗统安定组(J_3a)	2.40~2.68	2.52
		中—下侏罗统(J_{1-2})	2.32~2.66	2.55
	三叠系(T)	上三叠统(T_3)	2.47~2.67	2.57
		中三叠统(T_2)	2.62~2.69	2.65
上古生界(Pz$_2$)	二叠系(P)	上二叠统(P_2)	2.57~2.66	2.60
		下二叠统(P_1)	2.54~2.74	2.61
	石炭系(C)	上石炭统(C_3)	2.48~2.61	2.57
		中石炭统(C_2)	2.60~2.70	2.64
		下石炭统(C_1)	2.56~2.64	2.61
	泥盆系(D)	上泥盆统沙流水组(D_3s)	2.59~2.66	2.63
		中—下泥盆统(D_{1-2})	2.43~2.62	2.54
下古生界(Pz$_1$)	志留系(S)	上志留统旱峡组(S_3h)		2.70
		下志留统照花井组(S_1z)		2.66
	奥陶(O)—寒武系(∈)		2.60~2.74	2.68
新元古界(Pt$_3$)	震旦系(Z)	正目关组(Zz)	2.64~2.83	2.69
中元古界(Pt$_2$)	蓟县系(Jx)	王全口组(Jxw)	2.70~2.77	2.74
	长城系(Ch)	黄旗口组(Chh)	2.59~2.72	2.65
		西华山组(Chx)	2.58~2.94	2.80
		园河组(Chy)		
		南华山组(Chn)		
古元古界(Pt$_1$)	贺兰山群(HL)		2.60~2.76	2.70

注：晚古生代花岗岩(γPz_2)岩石平均密度 2.60g/cm³(标本采自甘肃会宁华家岭)；奥陶纪花岗闪长岩($\gamma\delta O$)岩石平均密度 2.63g/cm³(标本采自海原县南西华山)；古元古代英云闪长岩($\gamma\delta oPt_1$)岩石平均密度 2.70g/cm³(标本采自贺兰山黄旗口地区)。

宁夏全区岩石(地层)密度具备以下4个特征。

(1)同一地质时代中,相同岩性的岩石密度值随着岩石粒度的变化发生相应的变化,如中—下侏罗统中的砂岩密度值随粒度的增大而增大。关于不同岩性的岩石密度值,一般灰岩高于砾岩,砾岩高于砂砾岩,砂砾岩高于砂岩。宁夏沉积岩主要由上述几种岩性的岩石组成,因而地层密度值主要取决于它们之间的共存比例,而这种共存比例与沉积环境有密切的关系。

(2)关于不同地质时代、相同岩性的岩石密度值,一般较老地层的岩石密度值高于较新地层的岩石密度值。砂岩的这种垂向分异性较好,灰岩则不太明显。将各地质时代地层的平均密度值与其地质年龄作对应分析可知,随着地层年龄的增加,岩石密度相应增高,并趋于常数。

(3)相对陆相沉积地层而言,海相沉积地层的岩石具有密度值高而且变化范围小的特点。海相沉积环境相对稳定,多含碳酸盐岩,易结晶,且有较好的静压力条件。另外,本区海相沉积地层在后期构造运动作用下,岩石具有不同程度的变质。鉴于上述因素,可以得出海相沉积地层的岩石密度值高于陆相沉积地层的岩石密度值,因而形成本区连续而明显的密度界面的结论。

(4)变质岩的密度值较高,变化范围也较大。不同变质类型的岩石密度值存在一定的差异,变质岩系的岩石密度值高于沉积岩的密度值。花岗岩类密度值较低;斜长花岗岩类密度值较高,与下古生界密度值相当。当围岩为中—上元古界—下古生界时,花岗岩可能引起微弱重力负异常;当围岩为晚古生代以来的地层时,可能引起重力正异常。

2.《宁夏区域重磁资料开发利用研究成果报告》中岩石密度特征

在《宁夏1∶20万区域重力调查成果报告》岩石样本测定的基础上,补充采集与测定标本1203块,其中月亮山地区48块、蝉窑地区46块、南华山地区362块、西华山地区387块、卫宁北山地区360块(表1-3)。

从表1-3可以看出,研究区的基岩出露区岩石密度具有以下特征。

(1)月亮山地区的白垩纪泥岩、砂岩呈现低密度特征。

(2)蝉窑地区西华山组片岩与花岗岩体密度相近,片岩密度平均值为2.69g/cm³,花岗岩体密度平均值为2.64g/cm³。

(3)南华山地区高密度地层为长城系南华山组;低密度地层为石炭系羊虎沟组、志留系与泥盆系老君山组。

(4)西华山地区地层密度平均值均小于2.80g/cm³,其中长城系园河组及加里东晚期煌斑岩岩石密度相对较大,平均值为2.77g/cm³;泥盆系老君山组、石炭系羊虎沟组、志留系地层密度相对较小,密度最小的为石炭系羊虎沟组,密度平均值为2.48g/cm³。

(5)卫宁北山地区不同时代各类砂岩与其间的侵入岩脉均呈现低密度特征。

表 1-3　宁夏固原地区岩石密度统计表

地区	地质时代		岩石名称	块数	密度/(g·cm^{-3}) 变化范围	加权平均值
月亮山地区	白垩系	李洼峡组	泥岩	12	2.28~2.68	2.45
			砂岩	4	2.45~2.60	
		和尚铺组	泥岩	4	1.99~2.49	2.26
			泥岩	28	2.06~2.57	
蝉窑地区	中元古界长城系	西华山组	黑云母石英片岩	10	2.68~2.71	2.69
			黑色片岩	12	2.68~2.70	
			石英片麻岩	9	2.63~2.74	
	花岗岩			15	2.61~2.70	2.64
南华山地区	石炭系	羊虎沟组	砂岩	30	2.30~2.57	2.41
	泥盆系	老君山组	砂砾岩	31	2.34~2.62	2.5
	志留系		含砾砂岩	30	2.36~2.56	2.5
	中元古界长城系	园河组	云母石英片岩	45	2.64~2.87	2.77
			绿泥片岩	36	2.74~3.37	2.86
			大理岩	15	2.50~2.81	2.68
		南华山组	石英片岩	66	2.58~3.96	2.86
			绿泥阳起片岩	30	2.62~3.07	2.82
	加里东晚期闪长岩			79	2.54~3.33	2.78
西华山地区	石炭系	羊虎沟组	砂砾岩	28	2.32~2.57	2.48
	泥盆系	老君山组	砾岩	30	2.56~3.02	2.77
			砂岩	31	2.41~2.65	2.52
	志留系		砂砾岩	30	2.47~2.59	2.57
	奥陶系		长英质角岩	20	2.67~2.81	2.70
	中元古界长城系	西华山组	石英片岩	55	2.65~2.81	2.73
			大理岩	25	2.61~2.73	3.67
		园河组	石英/云母片岩、大理岩、白云岩	86	2.49~2.99	2.77
	褐铁矿			10	2.65~2.70	2.68
	花岗结晶岩脉			15	2.60~2.63	2.61
	花岗闪长岩体			30	2.62~2.68	2.66
	煌斑岩脉			15	2.64~2.93	2.77
	夹褐铁矿石英脉			12	2.51~2.68	2.63

续表1-3

地区	地质时代		岩石名称	块数	密度/(g·cm⁻³)	
					变化范围	加权平均值
卫宁北山地区	二叠系	太原组	长石石英砂岩	30	2.32～2.60	2.49
	石炭系	羊虎沟组	砂岩	31	2.44～2.87	2.56
		靖远组	含褐铁矿石英砂岩	13	2.55～3.40	2.86
		臭牛沟组	石英砂岩	30	2.45～2.70	2.59
		前黑山组	粉砂岩	30	2.44～2.71	2.62
	泥盆系	中宁组	石英砂岩	30	2.34～2.82	2.54
	奥陶系	磨盘井组	砂岩、灰岩	40	2.61～3.16	2.70
		狼嘴子组	长石石英砂岩	35	2.54～2.67	2.62
	石英闪长岩脉			30	2.57～3.33	2.63
	石英二长闪长岩脉			30	2.58～2.75	2.70
	闪长玢岩脉			30	2.58～2.66	2.62
	花岗岩脉			31	2.54～2.66	2.62

3.《宁夏固原地区1∶5万区域地质综合调查报告》中岩石密度特征

2010—2015年,针对各地层单元共采集岩(矿)石标本1550块、第四系大样100件。具体地,长城系南华山组片岩61块、园河组片岩及大理岩61块、西华山组片岩31块,泥盆系老君山组砂岩30块,白垩系三桥组砾岩117块、和尚铺组砂岩137块,李洼峡组砂岩44块、灰岩51块,马东山组灰岩类145块、泥岩30块、砂(砾)岩40块,乃家河组灰岩类110块、粉砂岩16块、泥岩30块、岩盐矿30块,古近系寺口子组砂岩130块,清水营组砂泥岩173块,新近系彰恩堡组泥岩及黏土120块,干河沟组泥岩60块,除此以外,采集花岗闪长岩27块、花岗岩37块、闪长岩31块,采自ZK3-1的变粒岩31块,来自ZK1-1的片岩8块(表1-4)。

从表1-4可以看出固原地区地层密度特征如下。

(1)第四系黄土密度较低,密度值集中在1.38～1.58g/cm³之间,平均值为1.49g/cm³。

(2)新生界地层密度相对偏低,小于或等于2.2g/cm³。

(3)白垩系地层密度由新至老呈逐渐增大的趋势。整体上,地层密度大于上覆的新生界,且小于下伏的长城系海原群变质岩;纵向上,上段的乃家河组、马东山组以泥岩、灰岩为主,密度偏低,下段的三桥组、和尚铺组、李洼峡组以砂岩、砾岩为主,密度较高;岩性上,砂砾岩密度较高,砂泥岩密度较低,岩盐密度最低。

(4)泥盆系老君山组紫红色砂岩的密度偏低,密度值集中在2.26～2.51g/cm³之间,平均值为2.32g/cm³。

表 1-4 宁夏固原地区岩石密度统计表

地质时代		岩石名称	块数	密度/(g·cm^{-3})		
				变化范围	平均值	加权平均值
第四系		黄土	100	1.38～1.58	1.49	1.49
新近系	干河沟组	泥岩	30	1.79～1.90	1.85	1.85
		砂质泥岩	30	1.78～1.91	1.85	
	彰恩堡组	砂质泥岩	50	1.85～2.22	2.01	2.00
		含石膏泥岩	10	1.93～2.04	2.00	
		砂质黏土	60	1.91～2.33	1.99	
古近系	清水营组	细砂岩	80	1.97～2.72	2.21	2.20
		泥岩	93	1.65～2.44	2.18	
	寺口子组	泥质粉砂岩	40	1.88～2.45	2.13	2.16
		砂岩	90	1.81～2.40	2.18	
白垩系	乃家河组	岩盐矿	30	2.0～2.2	2.02	2.26
		灰岩	46	2.29～2.94	2.58	
		泥岩	30	2.28～2.48	2.34	
		泥灰岩	20	1.83～2.38	2.16	
		砂质灰岩	12	2.23～2.46	2.36	
		含石膏灰岩	32	1.85～2.29	2.17	
		粉砂岩	16	2.13～2.32	2.22	
	马东山组	鲕状灰岩	25	2.51～2.66	2.60	2.45
		灰岩	15	2.36～2.63	2.48	
		泥质灰岩	105	2.03～2.76	2.45	
		泥岩	30	2.10～2.53	2.25	
		砂岩	10	2.22～2.69	2.49	
		砂砾岩	30	2.43～2.63	2.49	
	李洼峡组	砂岩	44	2.15～2.68	2.55	2.45
		灰岩	51	2.11～2.68	2.35	
	和尚铺组	砂砾岩	11	2.10～2.49	2.43	2.40
		砂岩	85	1.84～2.73	2.25	
		钙质砂岩	9	2.28～2.56	2.41	
		石英砂岩	32	2.38～2.60	2.52	
	三桥组	砾岩	101	2.19～2.77	2.58	2.60
		砂质砾岩	16	2.43～2.75	2.61	

续表 1-4

地质时代		岩石名称	块数	密度/(g·cm^{-3})		
				变化范围	平均值	加权平均值
泥盆系	老君山组	紫红色砂岩	30	2.26~2.51	2.32	2.32
长城系	西华山组	石英片岩	31	2.67~3.08	2.97	2.97
	园河组	大理岩	31	2.62~2.88	2.83	2.88
		片岩	30	2.80~3.02	2.92	
	南华山组	云母片岩	30	2.67~2.81	2.71	2.69
		白云石英片岩	31	2.41~2.72	2.66	
	岩体	花岗闪长岩	27	2.65~2.88	2.74	2.74
		花岗岩	37	2.40~2.76	2.59	2.59
		闪长岩	31	2.79~2.96	2.90	2.90
ZK3-1		变粒岩	31	2.68~2.91	2.77	2.77
ZK1-1		片岩	8	2.68~2.76	2.72	2.72

（5）长城系以片岩类岩石为主，呈高密度特征。它与上覆的新生界及中生界白垩系具有明显的密度界面。纵向上，西华山组地层密度最大，园河组地层密度次之，南华山组地层密度相对最小，此规律与变质岩的矿物成分有关。密度最高的为西华山组石英片岩，密度平均值为 2.97g/cm³，片岩密度与石英片岩相近；密度最低的为南华山组白云石英片岩，密度平均值为 2.66g/cm³。

（二）电性特征

1. 地层（岩石）电性特征

研究区地层（岩石）电性特征分析已经具有坚实的成果基础，《宁夏西吉县月亮山地区北部物化探异常查证报告》（2015 年）、《宁夏固原市硝口-寺口子岩盐矿预查综合物探专题报告》（2012 年）、《宁夏中卫市罗家老圈金银铅多金属矿预查电法工作报告》（2011 年）、《宁夏回族自治区中卫市徐套乡物化探异常查证报告》（2015 年）、《宁夏中卫市南西华山柳沟地区激电中梯电法工作报告》（2012 年）、《宁夏泾源县立洼峡地区铅锌矿普查电法专题报告》（2015 年）等多份成果资料中对各工作区的地层电性有了比较准确的测定（表 1-5）。

分析可知，研究区主要基岩出露区前新生界（岩石）具有以下特征。

（1）月亮山地区：海原群变质岩与白垩系三桥组砾岩具有高电阻特征，随着岩石中泥质及钙质成分增高，地层电阻呈明显降低的趋势。

（2）硝口地区：第四系电性特征随着地层含水性与含盐量的变化而变化，含盐量较高且潮湿的地层，呈现明显的低阻特征，含盐量低且干燥的地层则表现为高阻；清水营组整体呈低阻地层特征，与下伏的乃家河组具有明显的电性差异；乃家河组为岩盐矿的主要赋存层位,完整、含盐量低的层段呈现高阻特征,完整、含盐量高的层段,电阻明显降低,破碎且含盐量高的层段,电阻率最低,是区分岩盐破碎带的重要电性特征;以灰岩、泥灰岩为主要成分的马东山组,电性特征稳定,表现为高阻异常段,局部受构造破坏的含芒硝层段电阻极低。

表 1-5 研究区部分地区电性特征统计表

地点	地层	岩性	视电阻率 ρ_s/(Ω·m) 变化范围	视电阻率 ρ_s/(Ω·m) 平均值	备注
月亮山地区	彰恩堡组	泥岩、夹砂岩	15~30	17.50	露头小四极法测定,钻孔 ZK1 的数据
	乃家河组	灰岩、砂岩夹石膏层	11.2~88.2	26.09	
	马东山组	泥岩、页岩、泥灰岩	15.3~100.9	39.89	
	和尚铺组	含砾砂岩、砂质泥岩	9.16~113.4	76.75	
	三桥组	块状砾岩、角砾岩	56.2~342.6	150.37	
	海原群	片岩	92.4~251.3	161.76	
硝口地区	第四系	黏土	10~100	75	露头小四极法测定
	清水营组	泥岩、砂质泥岩	5~10	6	
	乃家河组	泥灰岩、砂岩(含盐、破碎)	10~20	17	
	乃家河组	泥灰岩、砂岩(含盐、未破碎)	20~80	40	
	马东山组	灰岩、泥质灰岩	>100	160	
	马东山组	灰岩、泥质灰岩(含芒硝、未破碎)	<10	3	
香山地区	第四系	黄土	57.1~158.9	87.4	露头小四极法测定
	臭牛沟组	砾岩、石英砂岩、粉砂岩、泥岩	69.7~193.5	111.9	
	前黑山组	褐铁矿(化)石	32.64~109	71.3	
	前黑山组	砾岩、砂岩、粉砂岩	406.1~1 198.7	724.1	
	前黑山组	白云质灰岩、灰岩	126.2~537.0	258	
	狼嘴子组	变质砂岩夹板岩、绢云母千枚岩	209.2~699.2	480.9	
	狼嘴子组	板岩、砂岩	102.4~461.1	313.7	
	磨盘井组	绢云母千枚岩、变质砂岩	200~977	480.5	
徐套地区	第四系	卵石、砂砾	12.7~22.9	16.4	露头小四极法测定
	古近系	泥岩	5.7~8.9	7.62	
	乃家河组	泥灰岩、砂岩	10~80	57	
	马东山组	灰岩	>100	160	
	延安组	砂岩	61.2~307.8	171.13	
	延安组	页岩夹煤层	100.8~225.6	158.3	
	延安组	泥岩	5.7~19.8	10.22	

续表 1-5

地点	地层	岩性	视电阻率 $\rho_s/(\Omega \cdot m)$ 变化范围	平均值	备注
李洼峡地区	清水营组	砂岩夹泥岩	5.5~96.4	30.3	标本采集于钻孔QZK101和钻孔LZK110-1,采用露头小四极法测定
	马东山组	砂屑灰岩、泥灰岩	24.1~67.9	37.1	
	李洼峡组	泥岩与中—厚层状泥岩互层	187.3~1 503.8	862.5	
	和尚铺组	砂岩泥质灰岩互层	20.6~50.2	30.2	
		泥质灰岩、局部闪锌矿化	194.6~925	542.6	
		含铅、锌闪锌矿破碎带	18.3~949.4	330.68	
		泥质粉砂岩、粉砂质泥岩	83.74~1 926.45	709.11	
	三桥组	砾岩、角砾岩、质灰岩	122.9~3 070.4	1 353.64	
		厚层泥质灰岩硅化、黄铁矿化、铅锌矿化、矿点	444.7~2 402.4	893.9	
		含矿(化)岩石标本(不规则)	0.60~1.63	1.74	

(3)香山地区:石炭系臭牛沟组砂岩、泥岩地层呈现中高阻特征,前黑山组砾岩、砂岩地层呈现明显的高阻特征,与臭牛沟组有明显的电性差异,奥陶系狼嘴子组及磨盘井组砂岩、千枚岩及板岩地层整体呈现高阻特征。

(4)徐套地区:第四系电阻率一般高于古近系,白垩系马东山组灰岩电阻率明显高于古近系。乃家河组电阻率变化较大,地层电阻率随着地层含盐量与地层的完整程度而变化。当地层完整未破碎、地层含盐量较高时,电阻率相对较高;当地层破碎、地层含盐量较高时,部分卤水溶解沿裂隙渗入,地层电阻率降低。侏罗系延安组地层电阻率整体较高,当地层中泥质成分含量较高时,电阻率降低。

(5)李洼峡地区:古近系清水营组砂岩电阻率最低,一般小于$100\Omega \cdot m$,白垩系六盘山群电阻率随着层系由新至老逐渐增大,马东山组泥灰岩电阻最低,李洼峡组电阻明显升高,下伏的和尚铺组上段呈低电阻、下段呈高电阻,三桥组砾岩整体呈高阻特征,是六盘山群电阻最高层段。

2. 壳幔电性特征

根据 2016 年完成的《宁夏区域重磁资料开发利用研究成果报告》,总结了宁夏中部牛首山-罗山断裂东、西两侧地区与宁夏南部的彭阳—庆阳、固原—西吉及海原地区的电性特征(表 1-6、表 1-7)。

(1)地壳上地幔电性层状结构可大致分为 5~6 个电性层。一般而言,地壳表层低阻层普遍发育,电阻率从几欧姆·米到几十欧姆·米,厚度不等,为 1km 到几千米,与中、新生代沉积层相一致。中下地壳存在 1~2 个厚度几千米的低阻薄层。

表 1-6 宁夏中部地区壳幔电性结构分层

层序	牛首山-罗山-崆峒山断裂以东			牛首山-罗山-崆峒山断裂以西		
	电阻率/(Ω·m)	厚度/km	底面深度/km	电阻率/(Ω·m)	厚度/km	底面深度/km
1	6～9	1.5～2.5	1.5～2.5	10～50	1.5～18	6～17
2	110～270	104～108	107～110	100～1000	12～36	29～49
3	10～13	7～9	115～119	15～50	8～21	42～50
4	5000	124～127	240～246	2000	72～93	115～136
5	3			4～20	4～6	

表 1-7 宁夏南部地区壳幔电性结构分层

层序	彭阳—庆阳			固原—西吉			海原		
	电阻率/(Ω·m)	厚度/km	底面深度/km	电阻率/(Ω·m)	厚度/km	底面深度/km	电阻率/(Ω·m)	厚度/km	底面深度/km
1	30～39	8～11	8～11	25～75	7～9	7～9	8	3	3
2	256～492	33～45	28～43	225～1860	18～27	28～34	200	6	9
3	14～16	5～12	32～55	1.4～6	1.4～6	29～38	3	2	11
4	130～433	19～33	77～89	1000	40～45	82～88	200	63	74
5	15～26	3～4	82～92	3.8～6	1～7	89～92	0.6		

(2)不同的地质构造单元,深部电性结构差别明显。位于构造活动剧烈的走廊过渡带的宁夏南部地区,电性结构复杂,电性界面起伏大,并且壳内有几个低阻层分布,反映了剧烈的构造作用和深部物质运动的结果。

(3)深部电性结构特征与地质构造有着较好的对应关系。例如,在定边—景泰和永靖—庆阳剖面上,位于牛首山-罗山-固原断裂带经过的壳内低阻层位明显错位,显示了深部电性结构特征与地质构造存在很好的一致性。

(4)壳内低阻层一般被认为起因于岩石脱水和部分熔融,通常为地壳脆弱韧切转换带,在研究区壳内低阻层深度一般为 20～30km。

(三)弹性波速特征

宁夏南部地区地壳速度结构见表 1-8,从沉积层到下地壳,纵波速度逐渐增加;西海固地区沉积层纵波速度相对最低,为 4.4km/s,上地壳及以下层位纵波速度各地区基本相近。

弹性波速具有以下 4 个特征。

(1)因构造环境及地质演化历史不同,各地岩石圈结构特点存在较大差异。六盘山断裂带位于构造活动强烈的南北地震带上,它在形成的历史过程中,受 3 个动力性质不同的地质块体(青藏地块、鄂尔多斯地块和阿拉善微陆块)的交互作用,地壳结构较为复杂,具有岩石圈结构层变异强烈、地壳厚度突变显著的特点。

表 1-8 宁夏南部地区地壳速度结构

层位	层参数	西海固地区	鄂尔多斯地块	阿拉善微陆块
沉积层	底面埋深/km	2~4	3~5	23
	纵波速度/(km·s^{-1})	4.4~5.7	5~20	5~20
上地壳	底面埋深/km	19~23	11~12	13~15
	纵波速度/(km·s^{-1})	5.9~6.1	5.9~6.2	5.9~6.3
中地壳	底面埋深/km	33~35	20~21	22~24
	纵波速度/(km·s^{-1})	6.2~6.3	6.2~6.22	6.3
下地壳	底面埋深/km	42~49	40~43	43~48
	纵波速度/(km·s^{-1})	6.7~6.9	6.5~6.6	6.5~6.8
地壳总厚度/km		42~49	40~43	43~48

(2) 地壳总厚度总体趋势是南部大于北部。由于南部处于青藏高原北东边缘向华北陆块的过渡带,其地壳厚度介于青藏高原(厚度约 60km)与华北陆块(厚度约 42km)之间。

(3) 在六盘山断裂带存在低速异常体,厚度约 11km。

(4) 鄂尔多斯地块和阿拉善微陆块的地壳结构相对简单,地壳分层比较平坦,莫霍面起伏不大,是整体相对稳定的构造单元。

二、重力场特征

剩余重力异常特征明显,反映了研究区特殊的区域构造特点(图 1-5)。

整体上,宁南地区剩余重力异常呈现出"负值背景、正值异常"的分布特征。"负值背景"是指宁南地区剩余重力以负异常为主,大面积宽泛展布,体现出该地区为祁连造山带、阿拉善微陆块南缘与鄂尔多斯西缘三大地质块体相互接触的特殊构造地带,是祁连海槽沉积层厚度最大的区域;"正值异常"则是在青藏高原北东向推覆及鄂尔多斯东西向挤压过程中形成的多个冲断带与褶断带的重力异常体现,多呈条带状,沿主要构造线分布。

局部细节上,以西华山-南华山-月亮山-六盘山与罗山-云雾山-小关山两条剩余重力正异常条带为分界,西华山—南华山—月亮山—六盘山一带西南区域呈北北西向的正、负异常条带间隔展布,且正、负异常条带的延伸长度及分布面积大致相等,是祁连造山带的前缘——北祁连海沟系的典型特征;西华山-南华山-月亮山-六盘山与罗山-云雾山-小关山两条正异常条带所夹持的倒三角形区域,剩余重力异常表现出正、负异常分离的特征。负异常大面积分布于海原、固原一带,是六盘山盆地及其外围"卫星盆地"的反映,正异常主要分布

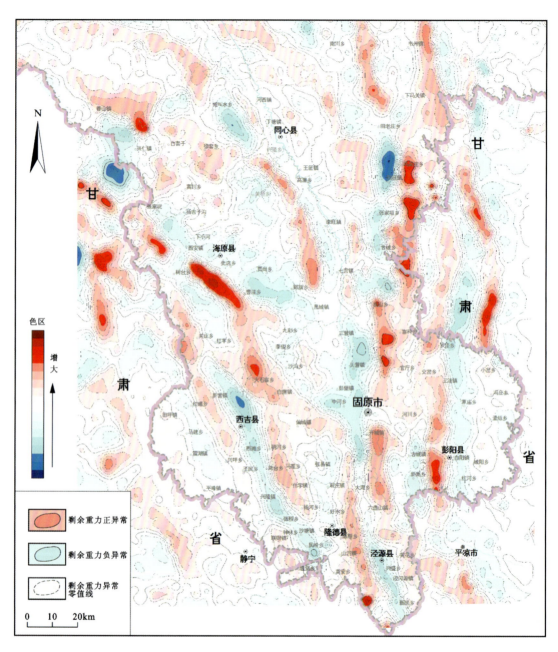

图1-5 研究区剩余重力异常图

在北部的香山地区,不规则片状分布,是香山凸起的体现,清水河河谷两侧则为窄且长的条带状正异常分布,是六盘山盆地东北缘的断阶带;罗山-云雾山-小关山正异常条带以东则以南北向展布的正异常条带为主,南段的彭阳地区负异常条带亦有分布,这是鄂尔多斯西缘隆褶带的整体反映,负异常则是隆褶带内的向斜构造的体现。

三、航磁异常(ΔT)特征

研究区 ΔT 等值线平面图整体呈现出"东西迥异"的展布特征(图 1-6)。

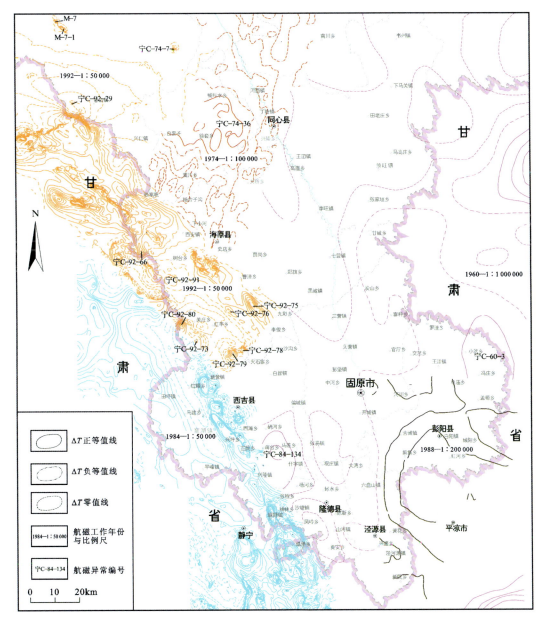

图 1-6 研究区航磁 ΔT 等值线图

东北部地区处于一个磁场变化低缓的背景场区,在弱的正或负背景场上,零星点缀了为数不多的航磁异常,反映了阿拉善微陆块与鄂尔多斯地块火成岩基本不发育,在大厚度的中、新生代沉积层覆盖下的老变质岩基底也不具备强磁性。

成群成带的异常出现在西南部地区,南、西华山地区是基岩出露区的磁场特征,异常规模小、不规则、梯度变化大,沿深大断裂分布,与该区带零星出露的岩体具有一定的复合关系;西吉异常带虽然在覆盖区,但具有一定的分布规模,北北西向带状展布特征明显,应该与白银-西吉岛弧构造单元的强磁异常特征一致,是西吉坳陷盆地底部具有一定磁性的火山碎屑岩与海原群变质岩的反映。

第二章　宁夏南部地球物理异常特征

重力异常场基于地层的密度差异性而产生不同的分布特征，它反映了深部地质构造的变化及地层分布的基本特征；磁异常场的变化则体现了地壳中深部磁性特殊地质体的赋存性状。因此，在深部地质构造调查研究中，常常利用重力-磁法对应性分析方法，全面厘清特殊地区的地质构造体系特征。为了进一步认识引起重磁异常差异的地质因素，常常需要利用其他深部资料进行勘查、确定，梳理近年来地球物理技术的发展，认为二维的大地电磁测深剖面与深反射地震剖面资料能够对重磁异常进行合理的印证与解释。

第一节　重力异常特征分析

为了由浅至深地对研究区的构造特征进行精细分析，针对性地对1∶20万区域重力资料进行了小波多尺度分解分析。

运用小波多尺度分解技术将覆盖研究区的1∶20万区域重力资料进行1～4阶的分界，得到1～4阶的重力小波细节场和1～4阶的重力小波区域场。重力小波细节场主要反映不同密度界面以上（深度）的主要构造分布形态，对应的重力小波区域场则是上述密度界面以下所有地质层段的重力响应。可以看出，通过小波多尺度分解处理后的重力小波细节场主要体现不同地质构造层的构造展布特征的地球物理响应，也是本研究主要分析的对象。

一、重力异常小波1阶特征

1阶小波细节场特征显著，区域性展布的重力低异常背景上有规律地分布着长条状局部重力高异常，串珠状的异常极值点均匀分布于重力高异常区内。根据异常带的走向特征，可以进一步将研究区重力异常细分为3个重力异常区，依次是西部北北西向重力异常区、中部北西向重力异常区和东部南北向重力异常区（图2-1）。

（一）西部北北西向重力异常区

西部是指以西吉地区为主的区域，重力异常特征清楚，北北西向展布的重力高、低异常条带间或分布。田坪、震湖、平峰一带，稍显低幅值的重力高异常区，是与区外静宁地区类似、处于低幅度的隆起；红耀、兴坪地区，重力异常幅值降低，3处局部低异常区的幅值，反映出该带的次坳的构造特征；新营、西滩、兴隆、神林一线狭长的断续分布的重力高异常条带，南北异常幅值高，中部异常幅值低，反映出隆起带具有明显的鞍部特征；西吉、将台、张程、沙

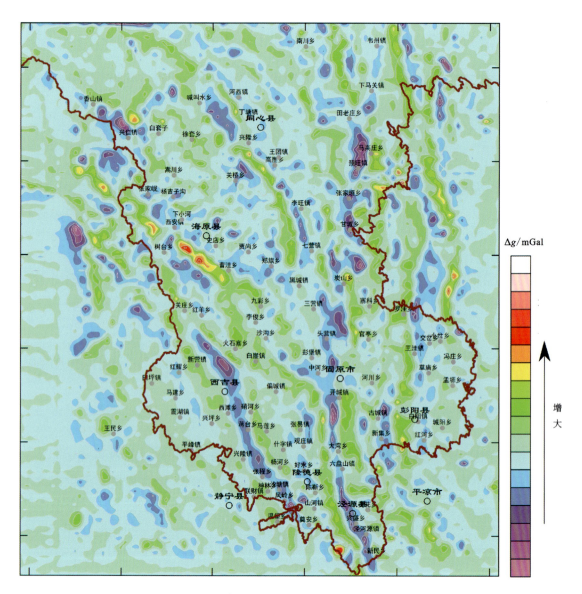

图 2-1 研究区重力 1 阶小波细节场特征示意图

塘、奠安一带的低异常带是本区特征最显著的重力异常区,异常幅值低、分布范围大、异常区域连续,反映出西吉盆地在浅表层的长条状展布特征;树台、红羊地区片状分布的重力低异常,体现了该区域局部凹陷的构造特征;张易、观庄、隆德地区也具有局部凹陷的重力低异常响应,异常低值区呈不规则片状、带状分布,整体呈南北走向,说明在以北北西向构造为主的背景条件下,发育南北向的局部构造;火石寨、白崖、偏城、马莲一带零散状分布的重力高异常呈大小不一的点状、片状、带状、长条状分布,异常幅值均不高,反映了在西吉盆地西北侧存在局部隆起区带。

(二)中部北西向重力异常区

中部是指同心、海原、固原分布的倒三角区域,重力异常特征明显有别于西部,在片状低异常背景下,数条长条状高异常带呈弧形由南向北逐渐延伸展布是本区重力异常分布的主要特征。张家岘、西安镇、曹洼一线地区西侧,分布的北西向重力高异常带为海原地区异常幅值最高区域,在树台附近有明显的分割,西北部为西华山凸起,东南部为南华山凸起;李俊、沙沟、中河西部分布的重力高异常区带,宽缓且幅值不高,线性延伸且具多极值区,反映了月亮山隆起与六盘山隆起的相同地质条件;自七营起,往北至李旺、高崖、兴隆、丁塘,到河西,此一线地区西侧发育的细长条状重力高异常带,为天景山断裂的重力响应。除了上述的条带状重力异常以外,呈大面积分布的片状异常也是本区的重要异常类型,香山、兴仁、喊叫水西北侧区域,平缓的低幅值重力异常清晰刻画出了香山凸起的构造特征;由蒿川、张家岘、下小河、史店、曹洼、郑旗、关桥围限的低幅值片状重力低异常区,是海原凹陷的重力异常响应;南侧由九彩、李俊、沙沟、开城、头营、三营、黑城所圈定的倒三角重力低异常区,反映了固原凹陷的构造特征,能够看出马东山凸起、硝口凹陷、彭堡凸起等局部构造的相互分布关系。此外,在同心东侧的倒三角区域内,分布多条低幅值且断续延伸的重力高异常带,体现了此区域低幅度局部隆起带发育的可能性。

(三)东部南北向重力异常区

东部是指下马关、预旺、甘城、炭山、固原、大湾、泾源一线以东的区域,该区内主要分布南北向重力高异常带。下马关至甘城地区,受省界范围限制,区内的重力异常展布不完整,结合东侧区外甘肃庆阳地区的重力异常特征分析,3条走向近似平行的高异常条带由北向南延伸,最东侧的异常条带终止于甘肃与宁夏的省界附近,未进入区内彭阳地区,反映了车道-阿色浪断裂的展布区域范围;固原以东的彭阳地区,区域性展布的重力低异常背景上有规律地分布着南北向的长条状局部重力高异常,串珠状的异常极值点均匀分布于重力高异常区内。根据异常带的分布特征,可以进一步细分为3个重力高异常带,炭山、开城、大湾地区重力高异常带内局部异常性状不一,南北向的局部异常呈右阶排列的特征,开城、炭山地区错阶特征最为明显;罗洼、王洼、白阳地区重力高异常带内局部异常性状以较为规则的长条状为主,个别异常为片状分布;小岔、孟塬、城阳西区重力高异常带整体幅值较低,且东西向展布宽度较大,异常带内的局部异常大小不一,形状各异。异常区带的分布特征显示出研究区东部构造样貌,受到北东向的挤压作用,西侧炭山、开城、大湾一带,构造变形明显,由南向北依次右行错阶展布,中部的罗洼、王洼、白阳地区则以东西向逆冲推覆形成的背斜隆起带为主,东侧的小岔、孟塬、城阳区域性隆升特征不明显,推断该区域属于天环向斜的西斜坡。

二、重力异常小波2阶特征

相比较,2阶小波细节场特征比1阶小波细节场特征更加简单明了,在异常整体分布格局未发生变化的情况下,各重力高异常带与低异常区轮廓更加清晰,极值区域也更加收敛,3个重力异常分区展布特征更加突出,少数在1阶小波细节场未有明显响应的局部构造也有清楚的凸显,反映出浅部地层沉积变化较大,直接影响了重力异常对深部构造的刻画(图2-2)。

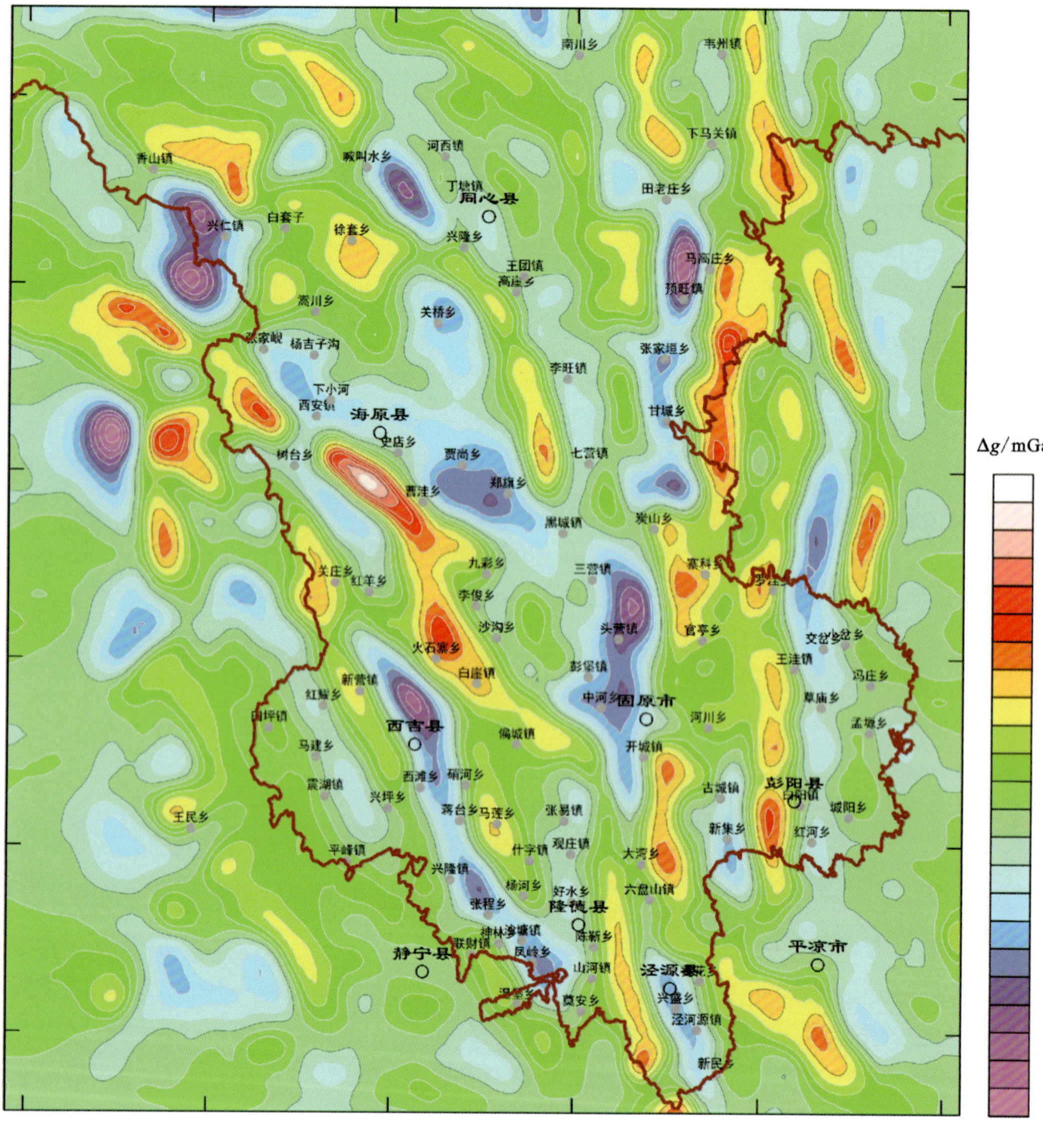

图2-2 研究区重力2阶小波细节场特征示意图

(一)西部北北西向重力异常区

整体上,西吉坳陷的重力低异常响应在本区最为凸显,呈现南北走向不一致的特征,南段的奠安、凤岭、沙塘、张程地区,异常北西走向,包含两个低值异常区,从张程起始,兴隆、将台、硝河、西滩等地区,北段为北北西向,唯一的低值异常点位于西吉县北,表明此处为西吉地区的沉积中心。该重力低异常带西侧呈现典型的"两高夹一低"的北西向异常展布特征,新营、西滩、兴隆一线具有一定分布宽度完整分布的重力高异常条带,异常高值点聚集于新营地区,反映出该区域为本隆起带的隆升高点;田坪、马建、震湖、平峰一带,稍显低幅值的重力高异常区分布范围较广,主体展布于区外甘肃静宁的西北地区,呈现低幅值、宽范围、较平缓的特征,红耀、兴坪地区的重力低异常区,带状分布特征与两侧高异常区带一致,说明此次级凹陷的边界断裂特征简单;树台、红羊地区片状重力低异常演变为北西向展布的带状异常,推测局部凹陷深部狭长、浅部宽缓;张易、观庄、隆德地区重力低异常带显示出次级凹陷的构造特征响应,异常幅值不低,但南北向的分布范围较广,与西吉坳陷的重力低异常带呈斜交关系;火石寨、白崖、偏城、马莲一带零散状分布的重力高异常逐渐向两侧聚拢收敛,形成了马莲、什字、杨河地区的北北西向高异常区,以及火石寨、白崖、偏城地区的北西向高异常带,反映出该地区浅部地层分布较一致,中深部地层分布变化较大,且构造相对复杂。

(二)中部北西向重力异常区

片状低异常背景下,数条长条状高异常带呈弧形由南向北逐渐延伸展布的特征依旧没有发生变化。主要的重力高异常弧形条带有3条:河西、丁塘、高崖、黑城地区高异常带,显示出了天景山一带的隆起带的形态;南川、田老庄、预旺地区西侧的高异常带,分布宽缓,范围较大,幅值较低,反映出烟筒山、窑山隆升幅度不大,但隆升区范围较广;田家老庄北部出露不完整的高异常带为罗山凸起的重力响应特征,较高的幅值显示了罗山隆升的高度较大。重力低异常区主要展布于6个地区,中河、彭堡、头营、三营、开城地区展布着南北向的重力低异常带,头营北部的低值区显示了固原凹陷的沉积中心所在,西侧的马东山凸起分布范围逐渐清晰;海原地区分布的3个局部重力低异常组成了海原凹陷的重力异常整体响应,以曹洼、贾塬、郑旗所围限的局部低异常为主要沉积中心,它往北延展分化为两个局部低异常与一个局部高异常,西安、张家岘、下小河地区的局部重力低异常,与西华山重力高异常相邻展布,显示出高山深盆的构造迹象。关桥地区,似椭圆状低异常与西侧的局部低异常隔山而布,中间所夹持的局部高异常为徐套凸起的南延;兴仁地区与喊叫水地区具有相似的重力异常响应,异常幅值比较低,显示出局部凹陷的构造特征。此外,以炭山为南界,向北延展的重力低异常带,过甘城、张家塬、预旺、马高庄,北界达田老庄地区,与南部的固原凹陷具有类似的异常特征,显示出该地区局部凹陷的构造特征。

(三)东部南北向重力异常区

下马关至甘城地区,受省界范围限制,区内的重力异常展布不完整。结合东侧区外甘肃庆阳地区的重力异常整体特征,由北向南,3条走向近南北向的重力高异常条带以不同的展布特征逐次延伸。最东侧的异常条带开始于下马关东部,北北西转南北的走向决定了它与西侧其他两条高异常带的斜交关系,终止于小岔北部甘肃境内的车道,反映出车道-阿色浪断裂的南端延伸形态;中部的重力高异常条带起始于甘城东部,从罗洼进入彭阳境内,呈南北向,过王洼、白阳后延出区,止于平凉北部地区,它与东侧交岔、草庙、红河地区的重力低异常条带相伴展布,推断青龙山-彭阳断裂沿此带发育;西侧的重力高异常条带起始于北部的马高庄,沿预旺、甘城、炭山、开城、大湾一线延伸,异常幅值明显高于其他区域,反映出该区深部高密度地层的隆升形态,不同的地区,异常条带极值区具有断续分布的特点,马高庄—

甘城段、炭山—官厅段、开城—大湾段3处异常条带呈右行错阶分布,推断各局部异常之间被东西向断裂分割。

三、重力异常小波3阶特征

3阶小波细节场继承了2阶小波细节场的整体分布特征,随着场源深度进一步增大,小范围、低幅值类型的重力异常逐次消失,反映出深部构造形态较为简单。多个重力异常条带合为一处,形成具有一定展布规模的重力异常区带,异常幅值分布均匀,体现了深部局部构造地层界面的起伏形态相对平缓。根据小波3阶细节场分布特征,可以将研究区细分为西吉-隆德重力低异常区、西华山-月亮山重力高异常区、香山重力高异常区等8个异常区带(图2-3)。

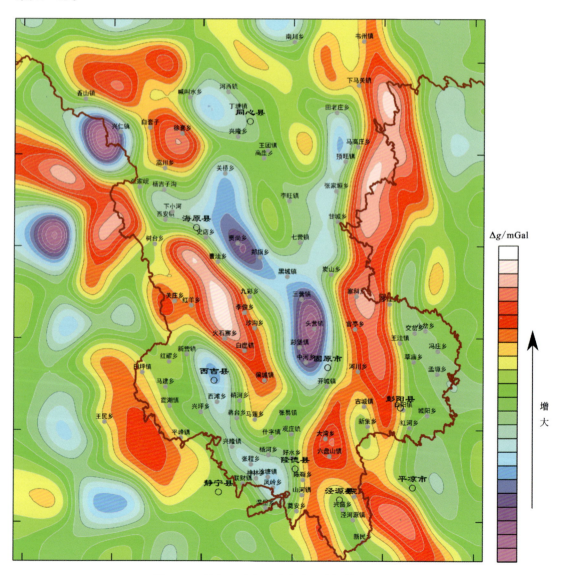

图2-3 研究区重力3阶小波细节场特征示意图

(一)西吉-隆德重力低异常区

该重力低异常区分布于新营、兴坪、兴隆、张程、沙塘、凤岭、杨河等地区,呈北北西向狭长的带状分布,中部的兴隆地区较窄且幅值相对较高,南、北两侧沙塘、凤岭及西滩、西吉地区呈椭圆状展布的局部低异常,尤其是北部的异常幅值相对较低,反映了整个西吉地区凹陷的内部构造特征,凹陷南、北两侧沉陷较深,中部呈上隆的"脊部"。此外,西侧马建、震湖、平峰地区的次级凹陷与新营、兴坪、兴隆、张程地区的凹陷合并为一个覆盖西吉、隆德地区的坳陷区。

(二)西华山-月亮山重力高异常区

该重力高异常区分布于由树台、红羊、火石寨、马莲、沙沟、九彩、曹洼等围限的北北西向带状区域,高异常极值区域分布较均匀,极大值点位于火石寨北部区域的中部,体现了西华山至月亮山地区的长城系变质岩受挤压推覆而隆升的状态,极大值点分布区域即是隆升幅度最高区域。

(三)香山重力高异常区

该重力异常区分布范围由浅至深未发生明显的变化,体现了香山凸起稳定的构造特征,香山镇、徐套乡等3处分布明显的极大值区决定了该高异常区的分布形态,倒三角状的高值区两侧相伴分布着兴仁局部低异常与喊叫水局部低异常,特别是徐套局部高异常范围已吸纳了浅部白套子局部高异常,兴仁凹陷基底埋深较大,而喊叫水凹陷基底埋深相对较浅。

(四)海原重力低异常区

海原地区重力低异常特征是海原凹陷深部的明显反映,整体呈北北西向展布的带状异常,清晰地勾画出了凹陷的范围轮廓,南侧以黑城为界限,北侧关桥地区界定了凹陷向北发育的趋势,西北侧浅部西安镇、张家岘地区的局部凹陷与海原凹陷连为一体,凹陷中心位于贾塘。

(五)固原重力低异常区

与海原重力低异常区展布特征类似,固原重力低异常区为六盘山盆地另一处重要的组成部分,近南北走向的长轴椭圆展布形态反映了固原局部凹陷的构造形态,东、西两侧近似对称发育,异常区内的三营、彭堡、中河位于同一深部区,凹陷最深处位于头营,向南封闭于开城一线,北部结束于黑城一带。

(六)同心重力高异常区

同心地区,重力异常分布特征较为复杂,多个重力高异常无规律分布。在李旺、七营一带西侧区域,依着海原凹陷展布的一处重力高异常,绝对幅值不高,呈北北西向展布的长轴椭圆状,反映出该处局部隆起的幅度相对较低,处于向海原凹陷倾伏的末端;夹持于河西、王团与南川、田老庄之间的重力高异常条带,具有明显的弧形展布特征,为烟筒山-窑山隆起的重力响应,可以清晰地发现,异常带分为南、北两段,反映了烟筒山与窑山凸起在深部独立展布的特征;下马关的西侧孤立分布的一处高异常,为北北西走向,是罗山局部凸起的异常显示。

(七)韦州-彭阳重力高异常带

南北向贯穿研究区东部的韦州-彭阳重力高异常带,西侧以下马关、马高庄、甘城、炭山、开城、陈靳一线为界,东侧边界北段延出宁夏,南段为罗洼、王洼、白阳一带,为典型的基底隆升带分布的重力异常响应,与西侧的高异常区相比,具有幅值高、连续性强、边界清晰的特征,反映出鄂尔多斯西缘马家滩-彭阳隆起带的基底隆升形态与东、西侧边界断裂的展布特征。

(八)小岔-城阳重力低异常区

该重力低异常区展布平缓,南北走向,与西侧的王洼—彭阳地区呈现截然不同的异常特征,与东侧的天环向斜重力异常响应较为相似,反映了天环向斜边界向西扩展,浅部的车道-阿色浪断裂在小岔北部终止的特征。

四、重力异常小波 4 阶特征

4 阶小波细节场反映的场源深度进一步增大,小范围、低幅值类型的重力异常消弭殆尽,分布的异常区与主要的构造单元具有良好的对应性,体现出深部重力场对构造细节的湮灭及对构造整体的刻画。根据小波 4 阶细节场分布特征,将研究区细分为 6 个重力局部异常区带,分别为西吉-隆德重力低异常区、西华山重力高异常区、香山重力高异常区、海原-固原-同心重力低异常区、韦州-泾源重力高异常带和孟塬重力低异常区(图 2-4)。

西吉-隆德重力低异常区主要分布于研究区西南的西吉、隆德地区,表现为低幅值的重力低异常区,异常区的极小值点分布于张程、联财一带,并延出区内至甘肃省静宁县内,区域上与西吉盆地对应,是西吉盆地在深部的重力异常响应,与浅部对比,西吉盆地的沉积中心有明显的偏移;西华山重力高异常区范围由偏城一带收缩至白崖地区,异常区的极值区未见明显的变化,体现出南华山地区为西华山-月亮山隆起带基底隆升最高地区;香山重力高异常区内的异常幅值明显低于西侧南华山地区与东部的甘城、下马关地区,且高值异常区展布范围进一步缩小,说明香山地区的深部基底普遍埋深较大;海原-固原-同心重力低异常区为研究区内分布最稳定的异常区域之一,随着场源深度的增加,其西北边界进一步扩展至王团、兴隆、李旺、七营一带,构成了完整的六盘山盆地的轮廓;韦州-泾源重力高异常带南北向贯穿研究区,是稳定展布的重力异常区带之一,显示了宁夏东部基底隆起区带的展布特征,俗称"南北古脊梁";孟塬重力低异常区呈现梯度带的异常特征,其中心位于东侧的庆阳境内,为天环向斜西部斜坡区的重力响应。

综上所述,研究区 1~4 阶的重力小波细节场由浅至深地反映出了宁夏南部固原地区的构造格架及其演化特征。

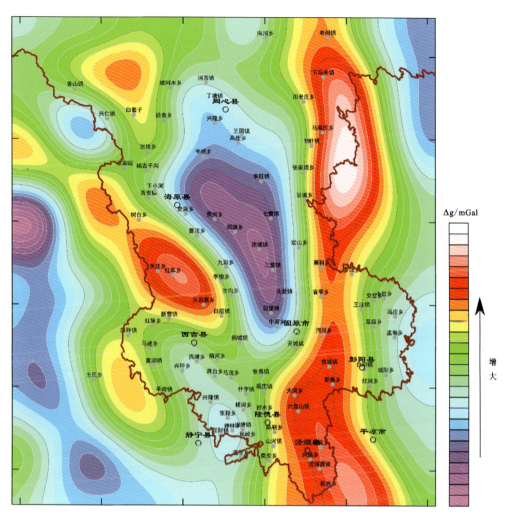

图 2-4 研究区重力 4 阶小波细节场特征示意图

第二节 航磁异常特征分析

在重力异常解译的基础上,对研究区航磁异常特征进行分析,具有两个重要的意义:一是通过串珠状的异常条带分布特征来证明区域性深大断裂的展布位置及规模;二是能够通过大面积片状异常来研究局部构造的基底地层的性质及其大致埋深。

本次研究将航磁异常资料进行 1~4 阶的分解处理,得到 1~4 阶的航磁小波细节场和 1~4 阶的航磁小波区域场。通过对航磁 1~4 阶小波细节场的分析,来了解深部磁性地质体的分布状态,为区域性构造单元性质的分析提供依据。

一、航磁异常小波 1 阶特征

研究区航磁异常总体比较平静,1 阶小波细节场显示整体低磁异常背景上分布有两处局部高磁异常。在下马关、韦州东侧地区,分布一处北东走向的串珠状局部正磁异常,包含4个极值区,异常幅值不高,反映出该地区可能存在浅部的磁性地质体;另一处特征明显的局部航磁异常分布于西吉西南侧的新营、兴坪、兴隆、张程一带,呈典型的北北西向条带状展布,与该地区区域构造方向一致,异常内部极值分布均匀,幅值相对不高,显示出引起磁异常的磁性地质体具有较大的埋深。整体上,此航磁异常与重力异常具有较高的对应性,属于高磁高重异常区(图2-5)。

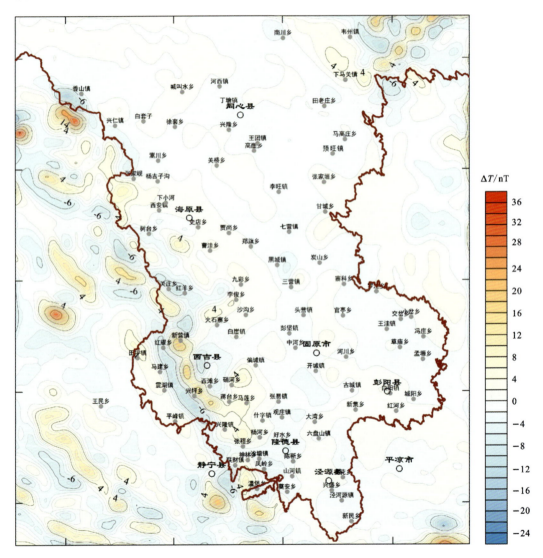

图2-5 研究区航磁1阶小波细节场特征示意图

二、航磁异常小波2阶特征

研究区航磁异常2阶小波细节场与1阶小波细节场整体异常分布特征一致,即在下马关、韦州东部地区与西吉西南侧的新营、兴坪、兴隆地区存在两处明显的局部异常区。两处异常展布细节特征也存在较大的变化,下马关、韦州东部地区局部航磁异常由串珠状渐变为条带状,异常内部的极值点消失,下马关北部的航磁异常得以显现,两处带状的异常呈正交展布是此处航磁异常的重要特征,反映了该处存在的磁性地质体具有一定的规模和埋深;新营、兴坪、兴隆地区的航磁异常范围有所收窄,条带状展布的特征却愈发清晰,体现出此区域的磁性地质体不是规模性大面积展布的地层,可能为随断裂上涌形成的侵入岩体。此外,在将台、马莲、硝河等地,展布一处近南北向的局部航磁异常,它将西吉坳陷一分为二,与新营、兴坪、兴隆地区航磁异常形成斜交,但与区域断裂构造走向不一致,根据展布形态及异常幅值高低,推断它为古元古界蓟县系的变质岩基底上隆所引起;在海原县南华山、西华山地区,存在孤立的航磁异常,区域上,包括新营、兴坪、兴隆地区的航磁异常在内,宁夏西南部的航磁异常展布特征均与甘肃白银境内北西向展布的航磁异常带类似(图2-6)。

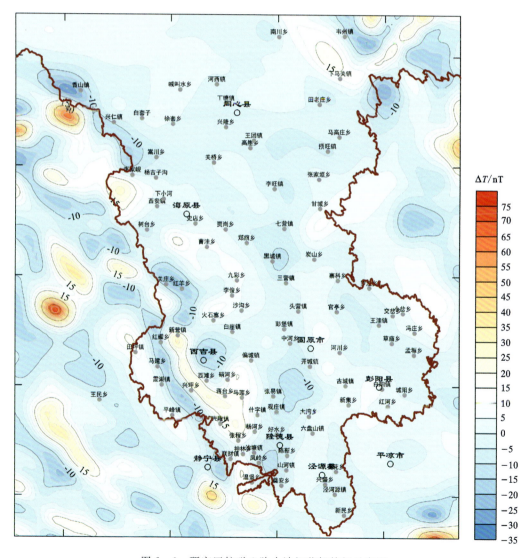

图2-6 研究区航磁2阶小波细节场特征示意图

三、航磁异常小波 3 阶特征

航磁 3 阶小波细节场在继承 2 阶细节场整体分布特征的同时,局部异常显示出明显不同的分布特征。韦州东部的航磁异常逐步渐变消失,田老庄北部的由南川、韦州、下马关所围限的北西向椭圆状异常成为了此地区重要的局部航磁异常,反映出深浅部磁性地质体的不一致性,韦州东部磁性地质体赋存于浅部,下马关磁性地质体赋存于深部;新营、兴坪、兴隆地区的北西向航磁异常条带几乎消失,将台、马莲、兴隆地区的片状异常规模陡然变大,分布范围扩展至由兴坪、西滩、偏城、什字、神林等地围限的倒三角区域,推测浅部航磁异常条带反映的侵入岩体以断裂面为主要的赋存空间,深部大面积片状分布的航磁异常则体现了区域性磁性地层大范围上隆或深部侵入岩体的分布特征。值得注意的是,在海原县南部,以曹洼、九彩、李俊等地为分布核心区带的南华山、月亮山航磁异常带也具有一定的规模。此外,在固原的甘城、彭阳的冯庄与红河、海原的西华山等地区均有明显的局部航磁异常展布,异常主要部分位于宁夏回族自治区外(图 2-7)。

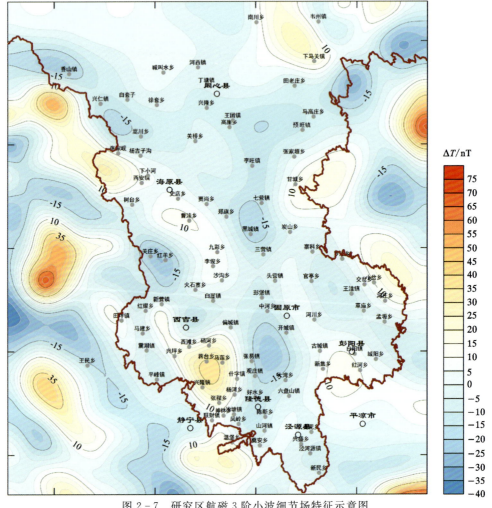

图 2-7 研究区航磁 3 阶小波细节场特征示意图

四、航磁异常小波 4 阶特征

航磁 4 阶小波细节场分布特征相对简单,3 处明显的航磁异常均以片状展布。田老庄北部的南川、韦州、下马关航磁异常范围扩大的同时,幅值也有所增大,反映了该磁性体深部规模较大;西吉南部的将台、兴隆航磁异常椭圆状的展布特征体现了它深源异常的特征,深部一定规模的侵入体可能是引起该航磁异常的根本地质因素;海原南部及西部的航磁异常几近消失,仅在树台西北地区留有较小范围的异常迹象,异常主体部分已收缩至甘肃的屈吴山一带,反映出南西华山地区的磁性地质体为"无根"地层,属于远源推覆而成(图 2-8)。

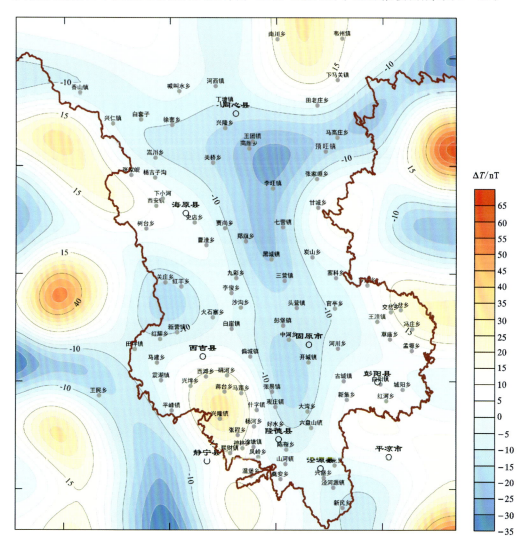

图 2-8 研究区航磁 4 阶小波细节场特征示意图

综上所述,研究区航磁异常的展布特征主要显示出了局部构造的基底性质及主要磁性地质体深浅部的赋存概况,为区域性控矿构造的分析及多金属矿成矿地质条件评价提供了可靠的信息。

第三节　电性特征分析

重磁场异常特征分析能够对深浅部主要的构造格架及其变化特征进行了解,为了深入分析构造单元边界断裂的空间赋存性状,明确构造单元深部基底的性质及特征,需要通过部署大地电磁测量剖面进行精细的解剖。本次在收集前人完成的5条MT剖面的基础上,补充完成了1条MT剖面,对研究区深部构造进行了较全面的综合分析(图2-9)。

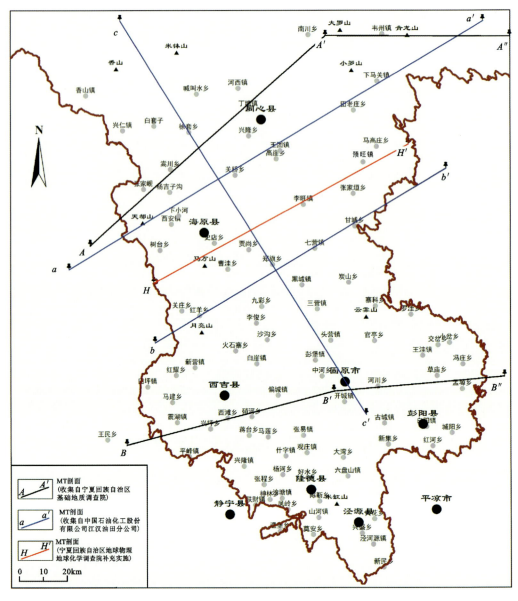

图2-9　研究区MT剖面位置示意图

一、中部电性特征

(一) H—H′剖面电性特征

H—H′剖面电性分布特征显示,南华山及以西地区(24号点以西)为北祁连造山带,表现为高阻电性特征,24号点下方存在明显的电性不连续,应为断裂显示;中间部分(24~100号点)为阿拉善微陆块,由浅至深大体上可分为两层,上部为低阻异常,对应着六盘山中—新生代盆地,下部为晚古生代或更老地层,由西向东在66、74、92、102号点下方存在电性不连续,应为断裂带显示,这一系列逆冲断裂控制着六盘山盆地内次级构造单元的展布及基底起伏;预旺及以东(102号点以东)区域为鄂尔多斯地块,具明显的高阻电性特征,对应着奥陶系或更老地层,俗称"古脊梁"(图2-10)。

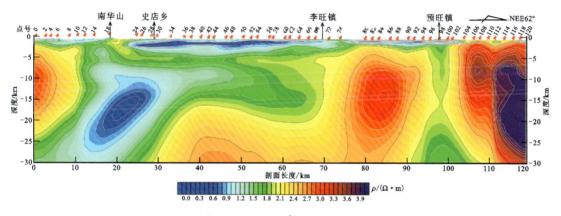

图2-10 H—H′剖面电性特征

(二) b—b′剖面电性特征

b—b′剖面电性分布特征显示,西南华山地区(575号点以西)表现为高阻电性特征,对应着北祁连造山带,575号点下方存在明显的电性不连续,推断逆冲断裂存在;575~593号点下方出现了大面积低阻异常,对应着海原凹陷;593~602号点间电阻率较海原凹陷明显增大,对应为局部地层上隆,602号点存在一陡立电性差异带;602~629号点间电阻率继续增大,电阻率幅值最大达到了2000Ω·m,反映了测线东侧基底持续降升,隆起内部存在数个孤立的高阻异常,且各异常之间有明显的电性不连续,应为一系列逆冲断裂构造的显示(图2-11)。

二、北部电性特征

(一) A—A′剖面电性特征

通观A—A′剖面电性特征,可以将它分为3个电性差异带,由西向东分别对应祁连造山带、腾格里增生楔与鄂尔多斯西缘(含陶乐-彭阳冲断带与天环向斜)。祁连造山带内电阻率结构稳定且电阻率整体表现为高阻;腾格里增生楔电性结构稳定性次之,中上地壳发育壳内

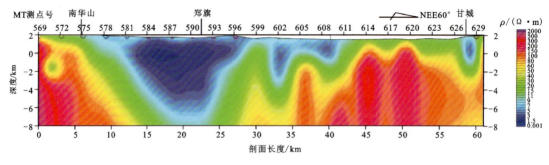

图 2-11　b—b′ 剖面电性特征

低阻高导层;陶乐-彭阳冲断带的电阻率特征表现为明显的横向和纵向不均匀分布,天环向斜地层横向成层性好(图 2-12)。

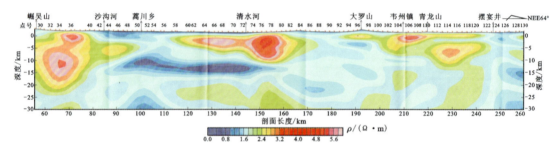

图 2-12　A—A′ 剖面电性特征

(二) a—a′ 剖面(146.5 剖面)

由西向东,剖面电性变化显著,西华山地区(16 号点以西)表现为高阻电性特征,对应着西南华山隆起。16 号点下方存在明显的电性不连续;海原凹陷段整体电阻率幅值较低;21 号点以东剖面电阻率幅值明显增大,形成的近似直立状高阻异常整体上呈东西向连续分布,反映了阿拉善微陆块由西向东基底上隆,内部在横向上存在多个电性差异带,应为一系列逆冲断裂构造的反映;69 号点以东进入鄂尔多斯台地后,地层明显具高阻特征,呈近似直立状接近地表,对应着"古脊梁"(图 2-13)。

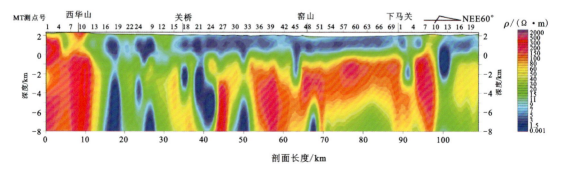

图 2-13　a—a′ 剖面电性特征

三、南部电性特征

B—B′MT 剖面自西向东表现出 3 段电性特征迥异的区块:以 51 号点为分界,以西地区对应的祁连山造山带,在横向上呈现出高阻—低阻—高阻—低阻相间分布的块状电性特征,在纵向上由浅至深又表现出高阻—低阻分布的层状电性结构特征;51 号点以东地区对应陶乐-横山堡冲断带,深部电性结构特征复杂,呈现大范围的高阻块体,相对低阻穿插高阻块体之内;78 号点以东对应天环向斜,纵向上电性具有较好的成层性,整体呈现出低阻—高阻—低阻的电性分布特征(图 2-14)。

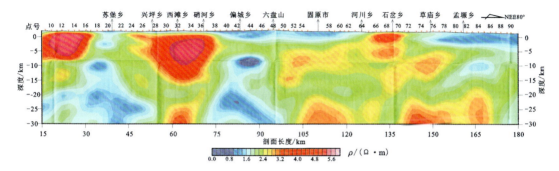

图 2-14 B—B′剖面电性特征

第三章　弧形构造带断裂体系研究

第一节　断裂形态解译

研究区横跨宁夏南部华北陆块、阿拉善微陆块、祁连早古生代造山带3个Ⅱ级构造单元。不同构造单元内部受到区域性地质构造应力不同,造就了3种展布特征各异的断裂体系。本区处于黄土高原西部,地表覆盖厚度较大的第四纪黄土地层,能够清晰追溯的断裂仅有牛首山-罗山-崆峒山断裂、烟筒山-窑山断裂、天景山断裂、西华山-六盘山断裂等数条,大多数发育的断裂呈深隐伏状展布于深部。因此,为了厘清研究区的断裂展布特征,进而厘定宁夏南部的断裂体系格架,本研究以区域1∶20万重力资料为基础,重点区带辅助以1∶5万区域重力资料,运用多种边界识别技术对本区断裂进行全面的解译。

一、解译方法选取

重磁异常分析结果显示,调查区整体以南北向断裂为主要构造类型,针对重力小波多阶次的分解,能够较为全面地解译清楚本区断裂的平面展布特征。

近年来,运用地球物理断裂识别技术对断裂的识别与解译越来越成熟,针对不同地质构造特征区域,选取不同识别技术是当下的通用做法。解译方法的选取主要基于方法的原理特点及应用的效果两个方面,各种断裂识别方法的技术原理侧重点不同,体现在解译断裂中的效果也有所差异。本次运用了多种导数类、数理统计类的边界识别技术对区域1∶20万重力资料2~4阶细节场进行处理,以区域地质构造认识为依据,优选了归一化标准差、垂向二阶导数、倾斜角与水平总梯度模量4种边界识别技术,对2~4阶重力小波细节场数据进行处理,由浅至深综合划定了研究区的断裂展布形态。

二、解译成果分析

(一)浅部构造层断裂特征分析

根据重力场源深度分析结果,重力2阶小波细节反映地层深度约1600m,是研究区浅部地层展布特征的体现。对2阶小波细节场归一化标准差、垂向二阶导数、倾斜角与水平总梯度模量进行处理,综合划定了浅部断裂的展布特征(图3-1)。

利用归一化标准差对研究区的断裂进行了全面的扫描,狭长且连续的极大值条带反映出的断裂行迹清楚刻画了本区的断裂格架形态(图3-1a)。整体上,以南川—田老庄—预

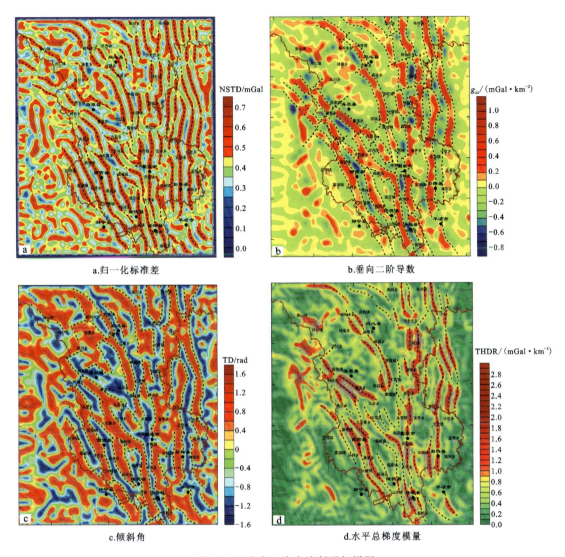

a.归一化标准差　　　　　　　　　　　　b.垂直二阶导数

c.倾斜角　　　　　　　　　　　　　　d.水平总梯度模量

图3-1　重力2阶小波断裂解译图

旺—甘城—炭山—开城—大湾—兴盛—新民一线为界,研究区东、西两侧呈现出截然不同的展布特征。东部地区,南北向展布的断裂特征异常明显,且各条断裂以平行关系延伸,间距基本一致,体现出该地区主要受东西向挤压应力而形成南北向断裂体系。各条断裂在局部地区表现出了一致的极值条带中断与扭曲变形,此种现象在预旺、炭山、官亭等地区最为典型,以炭山为西侧起点,沿北东东向65°一线,断裂表现出了向东扭动错位,位错量由西向东逐渐减弱,且为右行错断特征,另一处较为明显的变形位于固原—官厅—罗洼一带,与北部炭山地区的变形位置走向基本一致,且也呈右行位错,对同一条断裂,北侧的位错变形量大于南侧,推测受到青藏高原隆升所形成的北东向挤压应力,南北向断裂产生了右行走滑变形,为不同的构造部位受同一应力而产生了不同的形变结果。西部地区,断裂展布特征亦有所差异，西吉、隆德地区，断裂为北北西走向，为 5 条平行延伸的稳定极值条带特征，反映出此区域断裂发育的稳定性；树台、火石寨、偏城、山河一带，断裂特征复杂，不仅表现在极值条带延续性差，而且呈现相互截断、斜交、归并等多种关系，说明受到北东向推覆挤压应力的作用，该区带断裂构造非常发育，且没有良好的规律性，存在后期被多次改造的可能性；在海原及香山地区，断裂发育迹象模糊，线性特征不明显，固原地区西北侧的头营、沙沟、九彩地区，隐约可见数条断裂会聚此处；以同心西侧的喊叫水、兴隆、高崖、李旺、黑城一带的两条极值条带刻画的断裂为代表，此三角区域分布的断裂具有明显的弧形展布特征，此种重力场响应符合 3 个主要构造单元会聚部位的断裂发育特征。

垂向二阶导数展布特征印证了归一化标准差的断裂解译结果，且对归一化标准差中极值条带截断的现象进行了更加清楚的刻画，揭示了北东向断裂的存在。该系列断裂延伸长度较小，对西部地区的北北西向断裂及东部地区南北向断裂具有清楚的错断痕迹(图 3-1b)。以河西—高崖—李旺—七营—头营—开城一线为明显的界线：以东区域，北东向断裂对南北向断裂进行右行错断，且由南部的固原地区至北部的韦州地区，错断行迹逐级增强；以西区域，北东向断裂对北北西向断裂形成明显的左行错断，由南部的隆德地区向北段的海原地区，错断距离逐渐变大。此种现象反映了北东向挤压应力对研究区的构造改造处于动态过程中，不同的构造部位受同一区域应力会形成不同的构造样式。

倾斜角与水平总梯度模量基本印证了研究区的断裂体系(图 3-1c、d)，并且对断裂展布细节进行了进一步细化，综合厘定了归一化标准差中断裂变形部位的断裂组合方式，特别是厘清了固原凹陷中断裂的展布特征。

根据 4 种边界识别技术的处理分析结果可知，归一化标准差划定断裂 48 条，垂向二阶导数识别断裂 69 条，斜导数解译断裂 55 条，水平总梯度模量显示断裂 49 条。

(二)中深构造层断裂特征分析

重力 3 阶小波细节场源深度为 6000m，反映了研究区中深层地层的展布特征。对 3 阶小波细节场归一化标准差、垂向二阶导数、倾斜角与水平总梯度模量进行处理，综合划定了中深层断裂的展布特征(图 3-2)。

整体上，中深层的断裂展布继承了浅层断裂分布特征，主要构造单元的边界断裂特征及其构造形态未有明显的改变，仅是构造单元内部的小规模断裂随着深度的增大，纵向停止延伸，直至消失，表现在平面上，断裂展布更为简洁、清晰。

相比较，垂向二阶导数对中深层断裂的识别能力更强，零值线相对比较连续，能够较全面地反映研究区的断裂展布特征，特别是对北西向与南北向两种类型断裂交切关系的刻画效果更为明显(图 3-2b)。韦州—预旺—甘城—炭山—开城—大湾一线两侧地区，断裂展布特征迥然不同。东侧的甘肃庆阳与彭阳地区，断裂南北向展布的特征明显，且在韦州以东附近，5 条断裂会聚、斜交为 2 条，以南的彭阳地区各条断裂以平行关系延伸，间距基本一致，印证了该地区主要受东西向挤压应力而形成南北向断裂体系的推断。西侧的 3 条断裂在炭山、开城、大湾地区表现出了一致的零值边界线中断、扭曲、变形，特别是炭山地区的错位现象更加明显，反映出受到青藏高原隆升所形成的北东向挤压应力，南北向断裂产生了右行走滑的形变

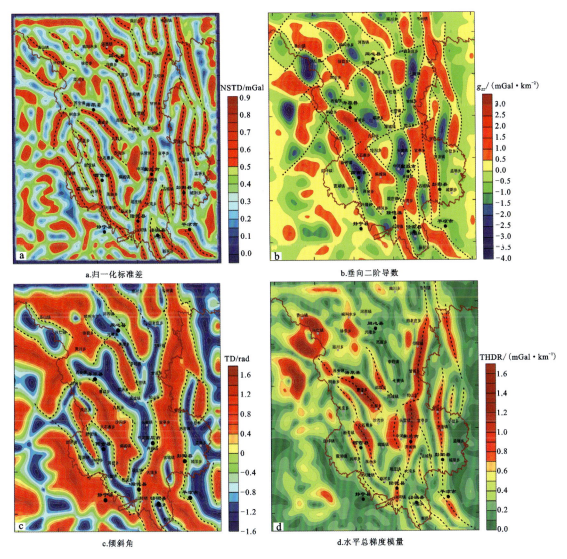

图3-2 重力3阶小波断裂解译图

在中深部构造层亦有凸显。西部的海原、同心、固原地区，北北西向转北西西向的零值线勾画出了该区域的断裂展布主要走向，多条弧形断裂的发育，将倒三角状的区域分割为数条带状的局部构造，北东向发育的断裂较浅部构造层规模更加宏大，主要体现在断裂的延伸距离比较长，树台、西安、兴隆、田老庄一带展布的断裂为研究区最典型的北东向断裂，基本切断了北北西、南北两个体系的主要断裂，在九彩、黑城、炭山也要有同样的错断。归一化标准差、倾斜角与水平总梯度模量对垂向二阶导数的解译成果具有很好的对比及印证（图3-2a、c、d）。

根据4种边界识别技术的处理分析结果可知，垂向二阶导数识别断裂42条，归一化标准差划定断裂32条，斜导数解译断裂31条，水平总梯度模量显示断裂21条。

(三)深部构造层断裂特征分析

重力4阶小波细节场源深度为13 000m,反映了研究区深层地层的展布特征。对4阶小波细节场归一化标准差、垂向二阶导数、倾斜角与水平总梯度模量进行处理,综合划定了深部构造层断裂的展布特征(图3-3)。

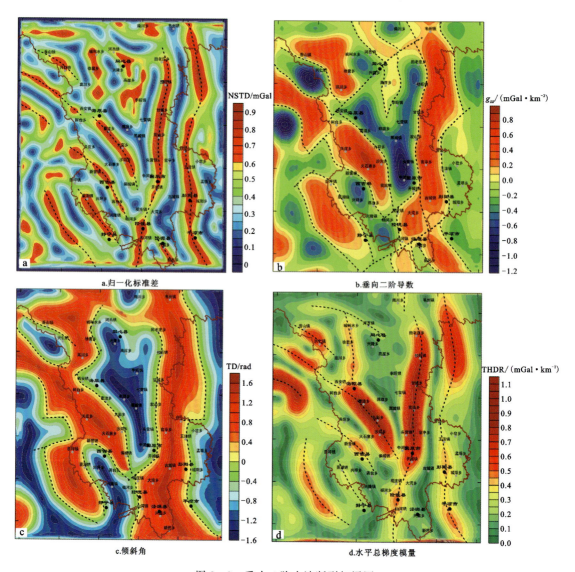

图3-3 重力4阶小波断裂解译图

深层的断裂延续了中深层断裂分布特征,主要突出了构造单元边界的深大断裂平面展布特征,构造单元内部的分带、分块断裂几乎消失殆尽,反映了深部构造层断裂"条数少、规模大"的整体发育特征。

对深部构造层区域性深大断裂的识别能力,4种方法基本一致,均能够反映出主要构造单元的边界位置及分布形态。相比较,垂向二阶导数对断裂的局部特征精细刻画能力更加突出(图3-3b)。

西南侧西吉地区,田坪-震湖及新营-将台-山河两条零值线清晰地勾画出了西吉盆地的两条边界断裂,其中西侧断裂在杨河、观庄一线发生了明显的右行错断;中部海原、同心、固原地区由3条零值线围限的六盘山盆地呈倒三角状展布于研究区中部,西安-兴隆-韦州零值线为盆地西北缘边界断裂的响应,东侧田老庄-甘城-开城南北向零值线应该反映了盆地东边界青铜峡-固原断裂的展布特征,西安-九彩-偏城零值线为西华山-六盘山冲断带与六盘山盆地的分界断裂;东侧彭阳、平凉地区,零值线的展布特征刻画出仅发育的一条边界断裂被北东向的两条断裂分为了3段,官亭、古城地区为隆升区,孟塬、城阳地区为坳陷带。归一化标准差与垂向二阶导数反映的断裂格架基本一致,倾斜角与水平总梯度模量对垂向二阶导数的解译成果进行了对比及印证(图3-3a、c、d)。

根据4种边界识别技术的处理分析结果可知,垂向二阶导数识别断裂24条,归一化标准差划定断裂12条,倾斜角解译断裂14条,水平总梯度模量显示断裂9条。

第二节 断裂体系厘定

一、断裂格架特征分析

在归一化标准差、垂向二阶导数、倾斜角与水平总梯度模量4种边界识别技术解译断裂的基础上,综合确立了研究区浅部、中深部、深部构造层的断裂构造格架。

(一)浅部断裂格架

浅部断裂分布呈现出西、中、东部明显的差异性,西部地区断裂呈"南北收紧、中部宽松"特征的"纺锤状"展布,中部地区呈"南窄北宽、束状发散"特征的"扫帚状"展布,东部地区呈"南北一致、平行延展"的"条带状"展布(图3-4)。

具体地,西部的西吉、隆德地区,发育北西向断裂6条,在陈靳、山河、奠安、温堡区域,断裂呈明显的收敛状态,向北延伸过程中逐渐发散,至平峰、兴坪、硝河、偏城一带,各条断裂最为分散展布,继而向北,断裂再次渐渐收敛,至红羊、关庄、树台地区,断裂收紧成束。局部地区发育的7条北东向小规模断裂对北西向断裂形成了错断,沿西华山、南华山、月亮山、六盘山东北麓展布的区域性重力梯级带反映出的断裂为明显的断裂体系边界断裂;中部的海原、同心、固原地区,发育3簇12条北北西向转北西西向的弧形断裂,在甘城、七营、黑城、九彩一带以南,断裂逐渐向南收敛,呈较密集的网状分布特征,5条北北西向断裂构成的主要断裂构架被4条北东向次级断裂切断。以北断裂分散成3簇,沿河西、高崖、七营一线展布的断裂簇共有4条延伸较长的弧形断裂,被4条北东向断裂错断形成5个亚段。沿南川、张家源、炭山方向延伸的断裂簇包含2条弧形断裂,局部的北东向断裂发育规模较小,未对该束

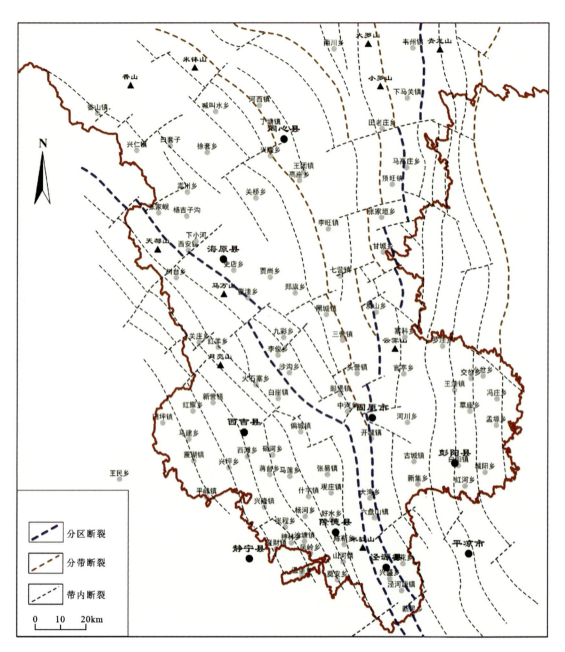

图 3-4 浅部断裂解译成果图

断裂形成明显的分割。沿大罗山、小罗山分布的 4 条断裂组成的断裂簇,基本呈南北走向,在田老庄附近被北东东向断裂右行错断;东部的彭阳地区发育 6 条南北向断裂,西侧沿韦州、下马关、马高庄、甘城、炭山、开城、大湾、兴盛、新民一线展布的边界断裂被北东东向局部小规模断裂错断为 5 段,由北向南依次是甘城段、炭山段、固原北段、开城—大湾段与六盘山南段,东侧边界断裂由北向南从区外延伸至宁夏境内的冯庄北部,被北西向的局部小规模断裂截断,终止了向南继续延伸;2条边界断裂夹持的4条冲断带内部断裂近似平行展布,未见有明显的位错变形,仅有沿寨科、官厅一线向南延展的断裂被局部截断,再发育,反映了青藏高原隆升造成的北东向挤压作用对车道-彭阳冲断带内部浅层未形成明显的东西向走滑位错迹象。

（二）中深部断裂格架

中深部断裂格架特征在西、中、东部呈现出较为明显的一致性,在浅层断裂向中深部下切延伸的过程中逐次消失,研究区中深部断裂趋于明显的均匀分布特征。西部地区北北西向断裂渐次发育,中部地区断裂束状特征消失,带状发散的断裂有规律地展布延伸,东部地区由南向北,断裂逐次归并(图3-5)。

细节上,西部西吉、隆德地区共分布5条北北西向断裂,震湖、新营、红耀地区的3条断裂继承了浅部断裂的展布特征,陈靳、山河、奠安、温堡地区的局部断裂几近消失,火石寨、白崖张易一带的断裂格局发生了明显的变化,中部海原地区、同心、固原地区发育的7条弧形断裂等距展布,且由北向南依次归并。北东东向断裂的发育,规律性右行错断了弧形断裂系中的主要断裂,喊叫水、兴隆、七营地区的错断规模相对较小,田老庄、炭山、固原地区的错断量明显较大。东部彭阳地区西侧第二条断裂与第三条断裂在寨科、官厅地区归并为一条断裂,沿寨科—官厅的东侧展布延伸,东侧第二条断裂在交岔北部终止向南延伸,反映了交岔—草庙—城阳一线浅层断层未能下切至中深部。此外,西侧边界断裂的右行位错部位减少,推测个别北东东向断裂至中深部已不发育。

此外,在固原以南地区,浅部呈平行展布的两条分区断裂在中深部形成明显的相交关系,从地球物理场分布特征可知,北北西向的边界断裂呈右行错断将南北向边界断裂错断。

（三）深部断裂格架

深部断裂格架特征简单,构造单元内部的断裂几近消失,仅是区域性的分区断裂与分带断裂继承性发育。另一个显著的特征是,北东东向断裂发育成为了研究区深部断裂格架重要的构造部分(图3-6)。

通过仔细梳理发现,研究区深部共发育断裂15条,在西吉地区的两条北北西向断裂将该区域分为两个主要构造单元;沿西华山、南华山、月亮山、分布的分区断裂被3条北东向断裂分为4段;海原、同心一线以南的大面积区域基本不发育断裂,以北地区受树台、兴隆、韦州一线断裂的控制,两侧发育6条北西向断裂,延伸距离短;彭阳地区断裂基本不发育,两条边界断裂发育特征清楚,西侧边界断裂仅在开城地区被一条北东向局部小规模断裂右行位错,东侧边界断裂由原来的小岔、交岔、冯庄地区北部移至罗洼—王洼—白阳—红河一线。

二、断裂格架完善

以区域重力资料为基础,综合小波多尺度分解与边界识别技术处理结果,较全面地识别了研究区断裂平面展布特征及格架体系特征,初步认识了断裂之间的相互归属关系。而对

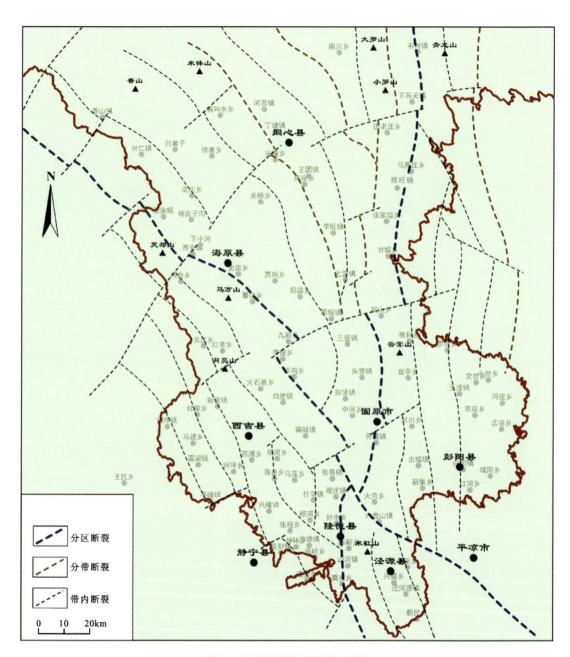

图 3-5 中深部断裂解译成果图

各条断裂的剖面发育性状,尤其是主要断裂的深部发育特征,则需要部署大深度物探剖面进一步探测与厘定。

大地电磁测深剖面资料(magnetotelluric,大地电磁测探法,MT)的主要优势在于它对深部构造格架的真实反映,不仅能够清晰地呈现局部构造深部展布形态,还能够细致地刻画深部断裂的分布性状与发育规律。此次在重力场特征分析的基础上,利用研究区内 MT 剖

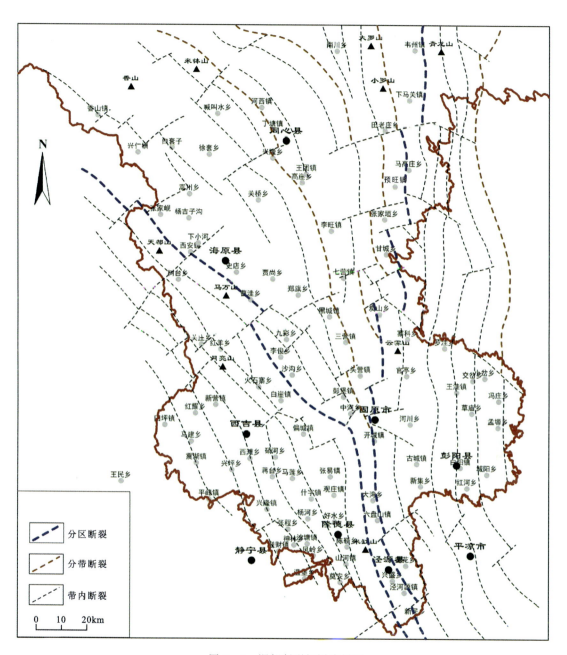

图3-6 深部断裂解译成果图

面资料,梳理了各条断裂的纵向发育特征,与平面重力资料共同完善了主要断裂的空间展布性状。

(一)B—B′剖面

B—B′剖面位于研究区南部,整体呈北东东走向(80°),以固原开城为分界,东、西两部分走向不同。开城以西区域剖面西起甘肃静宁县域内，经西吉县域内的震湖、兴坪、西滩、硝河、偏城等乡镇，至开城附近，剖面走向75.6°，长89km。开城以东区域剖面自开城起，经彭阳县域境内的河川、石岔、草庙、孟塬等乡镇，延出宁夏境，达甘肃庆阳市域。

根据电性特征，剖面共发育断裂14条断裂，归为9个断裂束，整体具有"逆冲推覆为主、深浅特征不同"的特征，即剖面断裂性质以南西倾向的逆冲推覆断裂为主，以10km深度为分界，浅部断裂发育数量多，且发育的北东倾向断裂与南西倾向断裂构成了"双冲构造"样式，深部断裂样式单一，均为高角度的南西倾向逆断层(图3-7)。

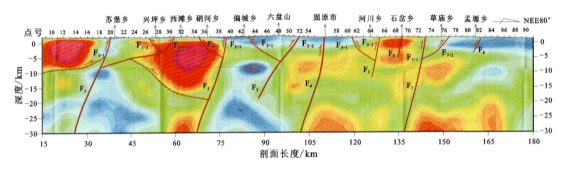

图3-7 B—B′剖面断裂电性特征图

具体地，苏堡乡发育的F_1断裂，下切深度达30km，至埋深9km，分异为两支，西侧的一支(F_{1-1})沿断裂深部发育，至苏堡乡东侧2km延向浅部(点号20)，东侧的一支(F_{1-3})以较为平缓的发育趋势延伸，至西滩乡达浅部(点号31)，约浅部4km处，派生出北东倾向的小规模断裂(F_{1-2})，延伸向浅部的兴坪乡(点号27)；硝河乡与偏城乡之间发育的F_2断裂，规模与F_1相似，下切深度明显较深，呈陡倾状由深至浅延伸，至39号点附近达表层(F_{2-2})，约6km埋深处，自F_2上发育一条东倾小规模逆冲断裂(F_{2-1})，于硝河乡附近延伸至浅表层(点号36)；F_3断裂深部电性特征不明显，下切至20km埋深后，难以确定断裂的具体位置，浅层约6km埋深处，发育的东倾逆冲断裂(F_{3-1})与西倾的逆冲主断裂(F_{3-2})形成对冲构造，引起了六盘山隆起；固原市附近由深至浅发育的F_4断裂，深浅部特征具有良好的继承性，断面陡立，浅部未有小规模断裂派生，延伸至固原市附近至浅表层(点号56)；河川乡两侧发育的F_5断裂，呈中浅层断裂的特征，下切最深处约10km，浅部分异为两条次级逆冲断裂，东倾的次级断裂(F_{5-1})延伸至浅表于61号点处，西倾的次级断裂(F_{5-2})于65号点处至浅表；F_6断裂发育规模相对较小，难以引起明显的电性异常，F_7断裂呈现典型的陡立状逆冲断裂特征，下切深度约30km，浅部分异为两支，F_{7-1}断裂继承F_7断裂的发育产状，于73号点附近接近地表，F_{7-2}断裂断面平缓，为浅层逆冲推覆断裂，至77号点附近达表层；F_8为倾向相对的正断层，规模小，且孤立发育。

根据剖面断裂电性特征，以10km埋深为界限，将断层纵向发育分为浅层与深层两个体系。因此，浅部与中深部断裂平面展布合二为一，统称为浅层断裂体系。通过B—B′剖面横跨区域的平面、剖面断裂发育特征对比分析可知，二者良好的对应性印证了西吉、隆德、固原、彭阳地区浅层构造体系整体的合理性(图3-8)。

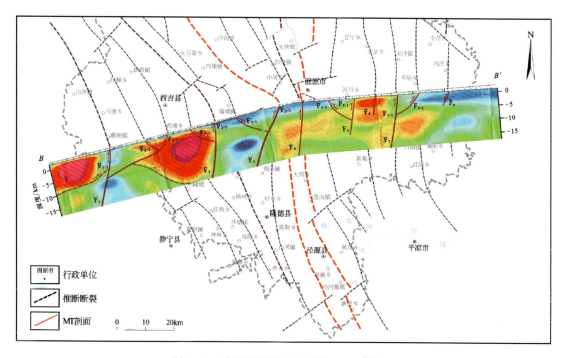

图 3-8 浅层断裂平剖对比图（$B—B'$剖面）

具体地，F_{1-1}断裂与F_{2-2}断裂对应西吉盆地两条边界断裂，呈产状陡立的逆冲断裂，中间夹持着的F_{1-2}、F_{1-3}、F_{2-1}三条断裂对应盆地内部的分带断裂，下切规模较小，产状平缓；F_{3-2}断裂对应六盘山冲断带的边界断裂，与F_{3-1}断裂共同作用，形成了冲断带的逆冲前缘带；F_4断裂对应鄂尔多斯西缘褶断带西侧边界断裂，为深切割的区域性断裂，F_{5-1}断裂与F_{5-2}断裂在平面上未见明显的显示，反映出断裂规模不大，为褶断带内的局部分带断裂，F_6断裂规模较小，平面延伸长度较大，剖面电性异常不明显，F_{7-1}断裂、F_{7-2}断裂对应天环向斜的东侧边界断裂，逆冲推覆特征明显，F_8断裂为天环向斜内部正断裂。

深层断裂平面格架特征简单，与$B—B'$剖面断裂发育特征具有良好的对比性，平面上发育的 5 条断裂，在剖面上均具有明显的电性异常显示。F_9断裂为西吉盆地西侧深部边界断裂，呈上陡下缓的东倾逆冲推覆断层，F_2断裂是浅层断裂F_{2-1}与F_{2-2}在深部归并后形成的深大断裂，F_3断裂对应六盘山逆冲推覆的前缘断裂，F_4断裂界定了鄂尔多斯西缘隆褶带的深部西侧边界，F_7断裂是大环向斜西侧边界的深部反映（图 3-9）。

（二）$H—H'$剖面

$H—H'$剖面位于研究区中部，整体呈北东东走向（60°），西起树台乡南部的宁夏省界，跨南华山，经海原县史店、贾塬等地区，于固原市李旺附近过清水河，达预旺、马高庄以东，至宁、甘两省交界，全长 120km。

根据电性特征，剖面共发育 8 条断裂，其中的两条深断裂向浅部分散为 2 支，整体呈"逆

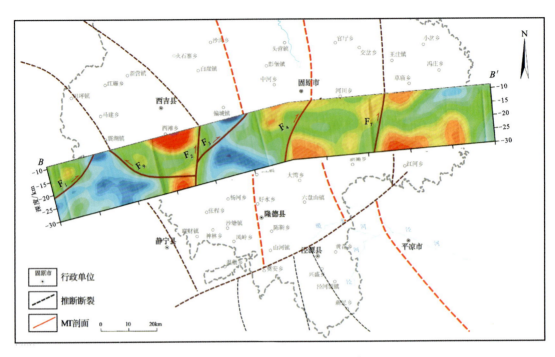

图 3-9 深层断裂平剖对比图（B—B′剖面）

冲推覆、深浅各异"的特征，与研究区南部西吉、隆德、彭阳地区的断裂发育具有较好的一致性。南西倾向的逆冲推覆断裂为剖面断裂的主要类型，大致以 15km 深度为分界，浅部断裂发育数量相对多，局部的北东倾向断裂与南西倾向断裂构成了"双冲构造"样式，深部断裂由西向东，产状逐渐变陡，甚至呈近直立状（图 3-10）。

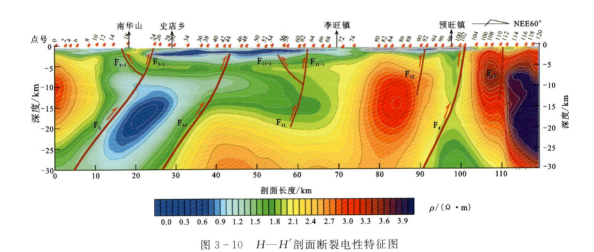

图 3-10 H—H′剖面断裂电性特征图

剖面断裂特征细节清晰，南华山及以西地区（24 号点以西）为北祁连造山带，表现为高阻电性特征,其中24号点下方存在明显的电性不连续,应为深大断裂(F_3)的显示,断裂由浅至深于7km深部附近,派生出两支次级断裂,其中东侧的F_{3-1}断裂继承了F_3断裂深部的发育特征,西侧的F_{3-2}断裂倾向与F_{3-1}断裂相对,呈局部的"对冲构造"样式;40号点处发育的断裂中浅部电性特征不明显,表现为中低阻电性层的不连续,15km以深区域电性特征清楚,为典型的低阻区域高阻区的分界,整体为具有一定规模的深断裂(F_{10});李旺西侧地区(点号68),是典型的断裂发育区段(F_{11}),深部断裂将两个高阻体一分为二,向浅部延伸,断裂呈中低阻与高阻电性层的分界,至8km深部,断裂一分为二,呈两条次级断裂,其中F_{11-1}断裂继承性发育,F_{11-2}断裂呈北东倾向,二者组成了典型的"Y"字形对冲断裂样式;预旺镇的东侧(点号102)是剖面另一处发育断裂规模比较大的区域(F_4),由深至浅,断裂均表现为两侧高阻电性体的分界,深部断面相对较平缓,浅部断裂较陡立,反映了该断裂为西南地区逆冲推覆前缘区域;F_4断裂两侧地区中浅部发育两条逆冲断层,均呈现高阻体内部的断裂,记为F_{12}与F_{13}。

H—H'剖面断裂电性特征明显反映了深浅部断裂发育特征的统一性与差异性,统一性体现在深大断裂发育的一致性,差异性则说明深层与浅层断裂的具体特征存在不同。以15km埋深为界限,将断层纵向发育分为浅层与深层两个体系。通过H—H'剖面横跨区域的平面、剖面断裂发育特征对比分析可知,二者良好的对应性印证了海原地区、固原北部及东部构造体系的合理性(图3-11)。

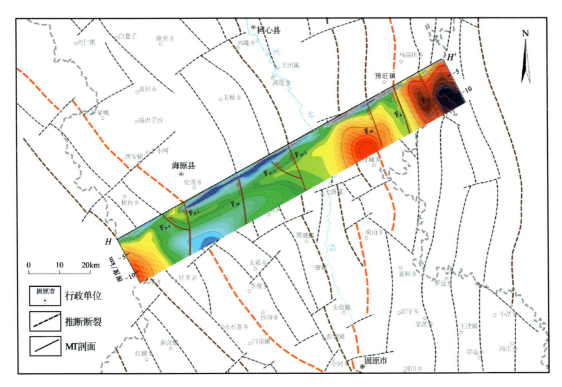

图3-11 浅层断裂平剖对比图(H—H'剖面)

由浅层断裂平剖对比分析可知,F_{3-1}断裂与六盘山盆地西侧边界对应,下切深度大,产状深缓浅陡,为区域性深大断裂,F_{3-2}断裂为南华山西缘断裂,北东倾向,约7km深度处交于F_{3-1}断裂,与F_{3-1}断裂组成双冲构造,形成了南华山冲断带;F_{10}断裂为六盘山盆地内部的一条隐伏断裂,上断点埋深约3.5km;F_{11-1}断裂对应六盘山盆地东缘边界,其西侧发育的F_{11-2}断裂断面东北倾,在约8.5km处与F_{11-1}断裂相交,共同作用形成了盆地东部斜坡区的断阶;F_4断裂产状陡,下切深度大,为区域性深大断裂,是阿拉善微陆块与鄂尔多斯西缘褶断带的分界断裂,F_{12}断裂平面对应分带断裂的尾段,规模较小;F_{13}断裂发育于鄂尔多斯西缘褶断带内部,产状陡立,下切深度不大。

深层断裂对应性良好,反映出平面与剖面断裂格架的合理性。平面上发育的5条断裂,在$H-H'$剖面上均具有明显的电性异常显示。F_3断裂为六盘山盆地西侧深部边界断裂,呈西南倾逆冲推覆断层,断层上升盘为高阻电性异常体,下降盘为低阻异常带;F_{10}断裂平面位置整体西移,性质与F_3深大断裂一致;F_{11}断裂由浅至深规模逐渐减小,在深部约20km处消失;F_4断裂作为鄂尔多斯西缘的边界断裂,深大断裂发育特征不仅在平面重力场中的反映异常清晰,而且在电性剖面上异常显示更加明显(图3-12)。

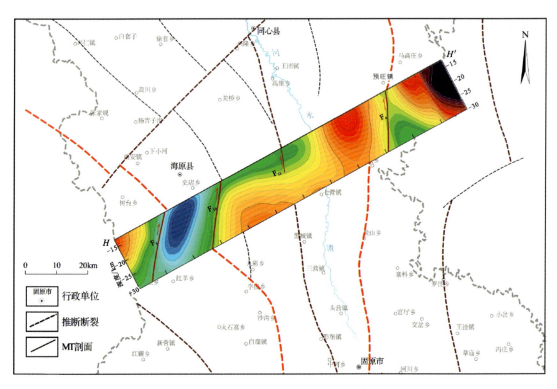

图3-12 深层断裂平剖对比图($H-H'$剖面)

(三)$A-A'$剖面

$A-A'$剖面位于研究区北部,以罗山西侧为分界,东、西两部分走向不同。罗山以西剖面西起甘肃白银市域内,进入宁夏海原县,跨西华山,经张家岘、蒿川、徐套南等地区,达同心县丁塘镇附近穿过清水河谷,向北东向延伸,至红寺堡区南川乡的大罗山西侧,剖面近北东走向(49°),长130km;接西段剖面向东延伸,剖面转为正东向,过韦州镇,跨青龙山,达摆宴井东部区域,长76.6km。

根据电性特征,剖面整体发育断裂10条断裂(束),深浅部断裂发育特征截然不同。浅部断裂发育较多,断裂规模较小,下切深度基本小于10km,且产状较为平缓,多数断裂倾角小于40°。大约于7km埋深区域,浅层断裂呈收敛状,合为一条主断裂向深部延伸;深部发育断裂较少,且断裂均为区域性电性分界面,规模较大,断裂基本下切至30km,呈现典型的区域性深大断裂特征(图3-13)。

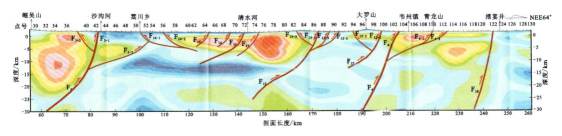

图3-13 A—A′剖面断裂电性特征图

由A—A′剖面可以看出,各条规模较大的断裂,电性特征清楚,能够较为清晰、准确地刻画出剖面断裂的展布形态。紧邻沙沟河东侧的42号点处,由浅至深发育明显的一条断裂F_3,断裂西侧为崛吴山与西华山之间的高阻异常区,反映出了北祁连造山带的典型变质岩地质体的特征,断裂东侧纵向成层性较好的六盘山盆地海原凹陷中生界引起了大厚度中低阻电性层;断裂在深部形态单一,浅部发散为不同倾向的3支,F_{3-1}断裂延续了深部断裂的发育特征,于42号点处接近地表,F_{3-2}断裂北东倾向,于西华山西侧的38号点附近出露地表,与F_{3-1}断裂共同作用形成西华山冲断带,F_{3-3}断裂自13km埋深处与主断裂分离,南西倾向,倾角平缓(35°),至4km埋深,于52号点处被北北东倾向的次级断裂截断;在海原凹陷内部,浅部发育了4条逆冲推覆断裂,下切深度小于5km,其中51号、56号点处的F_{14-1}断裂与F_{14-2}断裂在深部合并为一条,F_{15}、F_{16}断裂均为小规模次级断裂;72号点处,区域上由南向北连续延伸的F_{11}断裂,为六盘山盆地内部的分带断裂;至清水河与大罗山之间的南川乡南部区域,由深至浅发育一个断裂束F_{13},深部的断裂为低阻电性层与中低阻电性区的分界线,发育延伸至浅部,分散发育为4条次级断裂,其中F_{13-1}断裂延续了深部断裂的延伸趋势,至87号点处接近地表,其余3条断裂分布于F_{13-1}断裂两侧,4条断裂共同组成了烟筒山逆冲推覆断裂带;大罗山两侧各发育一条断裂,F_{12-1}分布于大罗山东侧,F_{12-2}分布于大罗山西侧,二者相向逆冲,形成了罗山隆起;区域性深大断裂F_4出露于103号点附近,产状较陡,下切深度大于30km,是区域性电性异常区的分界,反映了断裂两侧不同地质体的电性特征,断裂西侧为中低阻地层区,东侧由深到浅分布块状高阻体。断裂浅部一分为三,组成了韦州-青龙山逆冲断裂系;东部的摆宴井地区,孤立发育一条产状陡立的逆冲断裂,为区域性的分带断裂;西侧的高阻层反映了鄂尔多斯西缘褶断带的电性特征;东侧全段层状低阻地质体,代表了天环向斜的沉积特征。

将研究区北部的断裂平面格架与 A—A′ 剖面厘定的断裂剖面体系对比分析,二者具有很好的对异性和一致性。通观平面断裂展布规模及剖面断裂的发育性状认为,区域上,深浅部断裂具有明显的差异性,体现在断裂发育数量与断裂产状两个方面。

通过浅层断裂平剖对比分析,剖面上厘定的 19 条断裂,17 条能够与平面划定的断裂进行很好的对应,且位置差异小于 1km。具体地,F_{3-2} 断裂对应西华山西麓断裂,F_{3-1} 断裂对应西华山东麓断裂,为海原凹陷的西边界,两条断裂在埋深 5km 处归并为一处;F_{14-1} 断裂截断了 F_{3-3} 断裂,呈浅隐伏状展布,平面资料未能识别,F_{14-2} 断裂对应由白套子向蒿川展布的小规模断裂;4 条小规模断裂 F_{15}、F_{16}、F_{11}、F_{17} 的平面特征相似,均为沿清水河走向延伸的弧形断裂,具有较长的平面延伸距离,且南、北两侧有对应断裂,之间被北东东向断裂错断;由 F_{13} 断裂向浅部发散形成的断裂 F_{13-1}、F_{13-2}、F_{13-3}、F_{13-4} 平面上对应南川乡区域 4 条向北发散、向南聚拢,以 F_{13-1} 为主的一簇断裂,平面延伸不长,剖面下切较浅;F_{12-1} 与 F_{12-2} 两条断裂相向发育,形成了大罗山局部隆起,平面南北向呈近平行状延伸,具有一定规模;F_{4-1} 断裂对应着区域性的深大断裂,是鄂尔多斯西缘褶断带与阿拉善微陆块的分界断裂,其东侧的 F_{4-2}、F_{4-3} 断裂剖面发育规模逐次减小,平面延伸较长,南北走向,应该是鄂尔多斯西缘褶断带内部小规模断裂;F_{18} 断裂平面特征清楚,南北走向、孤立发育,反映了它明显有别于剖面中西断裂的任何一条断裂(图 3-14)。

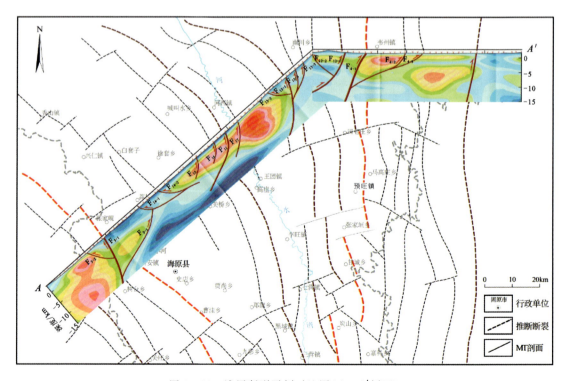

图 3-14 浅层断裂平剖对比图(A—A′ 剖面)

深层断裂格架具有高度的一致性。平面共发育的 4 条断裂,在 $A—A'$ 剖面上均具有明显的电性异常反映。F_3 断裂界定了两侧构造单元的边界位置,与平面上区域性的断裂具有高度的对应性;F_{13} 断裂由北侧烟筒山东麓呈弧形延伸至此,剖面电性显示它为同一构造单元内部的分带断裂;F_4 断裂的深大断裂特征延续了浅部的电性异常特点,明显的区域性电性分界线是断裂最明显的特征,与平面重力场分界线相互印证;F_{18} 断裂与 F_4 断裂共同界定了鄂尔多斯西缘褶断带的平面范围,并且该断裂南、北两侧延伸远,是明显的构造单元分界断裂(图 3-15)。

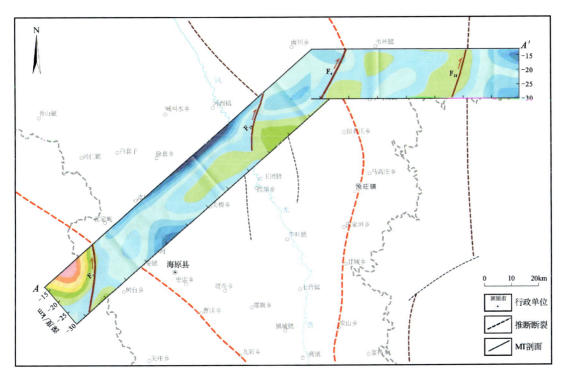

图 3-15　深层断裂平剖对比图($A—A'$ 剖面)

综上所分析,由南向北的 3 条 MT 测深剖面 $B—B'$、$H—H'$、$A—A'$ 能够对研究区断裂展布格架进行较为合理的厘定,在平面特征划定的基础上,完善了断裂的纵向剖面形态,综合梳理了断裂的空间赋存性状。

三、断裂体系划分

前文对研究区断裂格架特征进行了全面地分析及精细地校正完善,为断裂体系的厘定奠定了坚实的基础。依据区域地质构造特征,以研究区断裂展布特征及深部发育关系为主要依据,将断裂划分为 3 个断裂系统,依次为西南部北西断裂系、中部弧形断裂系、东部南北断裂系。将厘定的断裂体系与宁夏构造单元综合划分方案对应分析即可得知上述 3 个断裂体系的地质构造环境:西南部北西断裂系归属于北祁连中元古代—早古生代海沟系($Ⅲ_2^1$),

中部弧形断裂系归属于腾格里早古生代增生楔($Ⅲ_4^1$),东部南北断裂系归属于鄂尔多斯地块($Ⅲ_5^1$)(图3-16)。

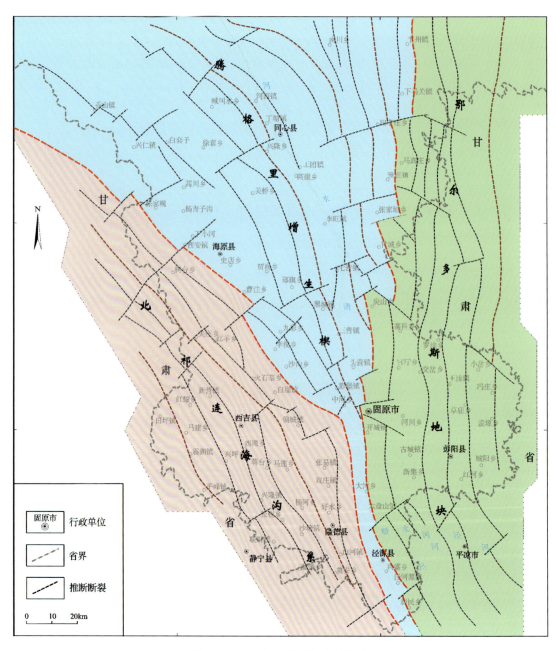

图3-16 研究区断裂体系划分图

(一)北祁连海沟系

研究区内的北祁连海沟系以西华山-南华山-月亮山-六盘山东北麓断裂为边界。中古生代的加里东运动开启了该区域断裂体系的形成演进历史,以岩体上侵引起褶皱造山隆起,西华山、南华山东北麓断裂开始形成;至晚古生代,海西运动(Ⅱ)主导了该时期构造的变化,以整体的垂向抬升/下降为主要运动方式,内部断裂基本不发育;随着晚中生代的来临,燕山运动(Ⅱ)兴起,月亮山、六盘山等一系列局部构造相继隆起,其东北缘边界断裂随之形成。至此,该区域海沟系的断裂格架体系基本形成,西华山、南华山、月亮山、六盘山东北麓北西走向的逆冲断层为本区域发育的主要断裂,在隆起带后缘的西南侧及隆起带与后缘坳陷区的分界断裂也相伴形成,构成了该区域的深部断裂体系。

随着新生代喜马拉雅运动的开始,青藏高原持续隆升的影响逐渐向北东扩散,客观上为该区域提供了持续的西南向北东推挤的区域地质应力,形成了以逆冲推覆为主、剪切走滑为辅的应力环境,数条与边界主断裂近乎平行展布的北西向逆冲断层由西南向北东相继发育,且局部发育长短不一、性质类似的北东向走滑断层将北西向断层错断。北西走向的逆冲断层与北东走向的走滑断层构成了该区域浅部断裂体系。

(二)腾格里增生楔

腾格里增生楔在宁夏境内的Ⅳ级构造单元称为卫宁北山-香山晚古生代前陆-上叠盆地,展布于西华山-南华山-月亮山-六盘山东北麓断裂与青铜峡-固原断裂之间,是北祁连弧盆系与阿拉善微陆块碰撞造山的结果。因此,腾格里增生楔断裂体系以逆冲推覆的弧形断裂为主要发育类型。

北祁连弧盆系与阿拉善微陆块碰撞最早可追溯至早古生代的加里东运动时期,强烈的碰撞造山形成了天景山、烟筒山、窑山、牛首山、罗山等一系列隆起带,隆起带两侧伴随形成的逆冲断裂构成了增生楔内的基本断裂格架,断裂走向整体为北西向,并呈向北东凸出的弧形;中生代中期的印支运动,进一步加剧了隆起带的隆升程度,并将控制隆起带的两侧边界断裂"连段成线",区域上形成了规模较大的天景山北麓断裂、烟筒山-窑山断裂、罗山东麓断裂;随着燕山期运动的到来,该区域中生代沉积层内的构造形态进一步复杂,一系列以3条主要逆冲断裂为依托的次级逆冲断裂相继发育,在剖面上以叠瓦状断裂束的形式出现;喜马拉雅运动以北东向的持续挤压应力对断裂体系进行了明显的改造,浅表层的新生界覆盖层被北东向远距离推覆,形成了低角度浅层逆冲推覆断裂体系,并且伴随着挤压应力的剪切分量的存在,发育的北东走向走滑断裂或者斜滑断裂将北西线弧形断裂规律性分割错断。

(三)鄂尔多斯地块西缘

研究区内属于鄂尔多斯地块西缘构造体系的区域,进一步定位为青龙山-彭阳褶断带与天环向斜,分布于青铜峡-固原断裂韦州—新民段以东。该区域作为鄂尔多斯地块的重要组成部分,是宁夏区内最稳定的地块,没有明显的构造变形作用,仅表现为整体性的升降和掀斜运动。该区的断裂体系发育过程主要分为4个时期。加里东运动末期的造山作用掀起了构造形成的大幕,研究区东部所在的青龙山—彭阳一带整体褶皱隆升,形成著名的"南北古脊梁",伴随发育了车道-彭阳断裂,界定了冲断带与东部天环向斜的范围;海西—印支运动进一步加剧了隆起区内部构造的分异,青龙山褶断带雏形尽显,南北走向的断裂体系格局形成规模;燕山期构造运动进一步将褶断带与天环向斜分离,褶断带内断裂更加复杂化,剖面上以青铜峡-固原断裂为主形成西倾逆冲断裂束;喜马拉雅造山运动的兴起,将青藏高原持续隆升而形成的北东向挤压应力逐渐传递至该区域,在鄂尔多斯刚性地块的阻挡下,不仅加剧了冲断带内浅层逆冲断裂的变形发育规模,而且产生一系列走滑断层,平面场对南北向逆冲断裂进行了右行错断,且由南向北错断规模逐渐增大。

太平洋板块与欧亚板块之间的洋-陆俯冲作用的远程效应使得以天环向斜为主体的鄂尔多斯盆地西缘受由东向西的应力推挤,向西运动,遇到"南北古脊梁"的阻挡,由西向东回返,在盆地西缘形成了区域性的拉张应力,内部形成了一系列正断层。深部地球物理剖面反映断裂下切深度为5～6km。

第三节 断裂特征分析

一、断裂级别确定

(一)断裂分级

承袭《中国区域地质志·宁夏志》"宁夏大地构造单元综合划分方案"中对全区构造单元的界定及级别划分,以断裂分布特征、发育规模、性质及它与各级别构造单元的关系为主要依据,综合将研究区断裂划分为Ⅰ级断裂、Ⅱ级断裂、Ⅲ级断裂、Ⅳ级断裂4个级别。

Ⅰ级断裂:是指Ⅲ级构造单元的分界断裂。
Ⅱ级断裂:是指Ⅲ级构造单元内,Ⅳ级构造单元的分界断裂。
Ⅲ级断裂:是指Ⅳ级构造单元内,Ⅴ级构造单元的分界断裂。
Ⅳ级断裂:是指Ⅴ级构造单元内部断裂。

(二)断裂编号

为了便于对断裂进行详细、清晰的描述,在断裂级别划分原则确立的基础上,对各条断裂进行编号,用符号"F_x^x"表示,其中:下角标"x"代表断裂级别,上角标"x"代表断裂条数。编号遵循两个规则:第一,按照断裂级别不同,由高到低将断裂进行编号,逐次减小断裂符号中下角标,例如"$F_Ⅰ^1$、$F_Ⅱ^1$、$F_Ⅲ^1$、$F_Ⅳ^1$";第二,级别相同的断裂,按照地理坐标由小到大的顺序依次增大断裂符号中上角标,例如"$F_Ⅳ^1$、$F_Ⅳ^2$、$F_Ⅳ^3$、$F_Ⅳ^4$"。

(三)断裂命名

断裂名称为断裂最重要的外在属性之一,能够直观地表征断裂的发育规模、地理位置及地貌特征。针对断裂名称的确定,尤其是构造单元内部、发育规模较小的断裂,没有统一、明确的标准可以参照,地质工作中常用的方法基本都是依照断裂展布延伸地区的重要地理标志而取名,例如"六盘山东麓断裂、贺兰山西麓断裂、黄河断裂"等。为了断裂命名更加统一、规范,本次研究工作确立了 3 条断裂名称的确定规则:①Ⅰ级、Ⅱ级、Ⅲ级断裂作为宁夏区域内各级构造单元的分界断裂,沿用《中国区域地质志·宁夏志》中相应断裂的名称,例如"烟筒山-窑山断裂、罗山东麓断裂"等;②构造单元内部的小规模断裂,以断裂经过地区重点乡镇名称命名,例如"黑城断裂、三营断裂"等;③分布地区未有重点乡镇的小规模断裂,以断裂与附近乡镇的相对方位确定断裂的名称,例如"官厅北断裂、震湖西断裂"。

二、断裂展布特征

根据断裂分级、编号、命名的原则,对研究区解译的断裂进行系统性梳理。

本区域浅部共分布断裂 87 条,其中:Ⅰ级断裂 2 条,为海原断裂($F_Ⅰ^1$)(西华山-六盘山断裂)与牛首山-罗山-崆峒山断裂($F_Ⅰ^2$)(青铜峡-固原断裂);Ⅱ级断裂 3 条,为月亮山南麓-六盘山西麓断裂($F_Ⅱ^1$)、彭阳断裂($F_Ⅱ^2$)和车道断裂($F_Ⅱ^3$);Ⅲ级断裂 3 条,依次为天景山断裂($F_Ⅲ^1$)、烟筒山-窑山断裂($F_Ⅲ^2$)及罗山东麓断裂($F_Ⅲ^3$);其余 79 条均为Ⅳ级断裂(表 3-1、图 3-17)。

表 3-1 研究区浅部断裂展布特征汇总表

编号	级别	名称	性质	走向	倾向	长度/km	构造体系	地质意义
$F_Ⅰ^1$	Ⅰ级	海原断裂	逆冲兼走滑断层	北西 327°	南西 237°	202	北祁连海沟系	北祁连早古生代造山带边界断裂
$F_Ⅱ^1$	Ⅱ级	月亮山南麓-六盘山西麓断裂	逆冲断层	北西 325°	南西 235°	133		西吉坳陷盆地与西华山-六盘山冲断带分界断裂
$F_Ⅳ^1$	Ⅳ级	平峰-震湖断裂	逆冲断层	北西 333°	南西 243°	43		西吉坳陷盆地内部断裂
$F_Ⅳ^2$		联财-兴坪-红耀断裂	逆冲断层	北西 332°	北东 62°	74		
$F_Ⅳ^3$		兴隆南断裂	走滑断层	北东 59°	—	9		
$F_Ⅳ^4$		神林-西滩-新营断裂	逆冲断层	北西 330°	南西 240°	83		
$F_Ⅳ^5$		奠安-将台断裂	逆冲断层	北西 334°	北东 64°	75		
$F_Ⅳ^6$		西吉东断裂	走滑断层	北东 47°	—	12		
$F_Ⅳ^7$		关庄南断裂	走滑断层	北东 43°	—	9		

续表 3-1

编号	级别	名称	性质	走向	倾向	长度/km	构造体系	地质意义
F_{IV}^{8}	Ⅳ	新民西断裂	走滑断层	北东54°	—	10	北祁连海沟系	西华山-六盘山冲断带内部断裂
F_{IV}^{9}		陈靳-张易断裂	逆冲断层	北北西345°	南西西255°	71		
F_{IV}^{10}		偏城南断裂	走滑断层	北东东67°	—	11		
F_{IV}^{11}		偏城断裂	逆冲断层	北西314°	南西224°	21		
F_{IV}^{12}		火石寨-红羊断裂	逆冲断层	北西317°	南西227°	38		
F_{IV}^{13}		红羊东断裂	逆冲断层	北北西342°	北东东72°	18		
F_{IV}^{14}		关庄断裂	走滑断层	北东50°	—	11		
F_{IV}^{15}		树台西断裂	逆冲断层	北西323°	南西233°	29		
F_{IV}^{16}		树台东断裂	逆冲断层	北西309°	北东39°	35		
F_{IV}^{17}		下小河断裂	走滑断层	北东48°	—	32		
F_{IV}^{18}		树台北断裂	逆冲断层	北西318°	南西228°	24		
F_{I}^{2}	Ⅰ级	牛首山-罗山-崆峒山断裂	逆冲兼走滑断层	南北1°	正西270°	245		阿拉善微陆块与鄂尔多斯地块的分界断裂
F_{III}^{1}	Ⅲ级	天景山断裂	逆冲断层	北北西—北西331°	南西西—南西241°	185		香山褶断带边界断裂
F_{III}^{2}		烟筒山-窑山断裂	逆冲断层	北北西—北西328°	南西西—南西238°	110		烟筒山-窑山冲断带边界断裂
F_{III}^{3}		罗山东麓断裂	逆冲断层	南北1°	正西270°	121		罗山冲断带边界断裂
F_{IV}^{19}	Ⅳ级	中河断裂	走滑断层	北北东33°	—	9	腾格里增生楔	香山褶断带内部断裂
F_{IV}^{20}		彭堡西断裂	走滑断层	北东东61°	—	12		
F_{IV}^{21}		沙沟断裂	逆冲断层	北北西329°	南西西239°	25		
F_{IV}^{22}		彭堡断裂	逆冲断层	北北西329°	南西西239°	36		
F_{IV}^{23}		彭堡北断裂	走滑断层	北东东58°	—	9		
F_{IV}^{24}		黑城西断裂	逆冲断层	北北西338°	北东东68°	30		
F_{IV}^{25}		九彩断裂	走滑断层	北东43°	—	14		
F_{IV}^{26}		李俊北断裂	逆冲断层	北西313°	南西223°	17		
F_{IV}^{27}		九彩北断裂	逆冲断层	北西西305°	南南西215°	16		
F_{IV}^{28}		曹洼南断裂	走滑断层	北东50°	—	21		
F_{IV}^{29}		郑旗南断裂	走滑断层	北东东64°	—	22		
F_{IV}^{30}		贾塬断裂	逆冲断层	北北西334°	南西西244°	58		

续表 3-1

编号	级别	名称	性质	走向	倾向	长度/km	构造体系	地质意义
F_{IV}^{31}	IV级	关桥东断裂	逆冲断层	北北西333°	北东东63°	61	腾格里增生楔	香山褶断带内部断裂
F_{IV}^{32}		张家岘断裂	走滑断层	北东东60°	—	21		
F_{IV}^{33}		蒿川断裂	逆冲断层	北北西325°	南西西235°	16		
F_{IV}^{34}		白套子断裂	逆冲断层	北西314°	南西225°	35		
F_{IV}^{35}		兴仁断裂	走滑断层	北东东54°	—	20		
F_{IV}^{36}		香山断裂	逆冲断层	北西西304°	南南西214°	49		
F_{IV}^{37}		兴隆断裂	走滑断层	北东东61°	—	27		
F_{IV}^{38}		喊叫水西断裂	逆冲断层	北西314°	南西224°	34		
F_{IV}^{39}		喊叫水东断裂	逆冲断层	北北西321°	南西西231°	34		
F_{IV}^{40}		喊叫水北东断裂	走滑断层	北东41°	—	19		
F_{IV}^{41}		米钵山西断裂	逆冲断层	北西西302°	北北东32°	33		
F_{IV}^{42}		七营断裂	逆冲断层	北北东6°	西西276°	17		烟筒山-窑山冲断带内部断裂
F_{IV}^{43}		李旺东断裂	逆冲断层	南北356°	正东86°	21		
F_{IV}^{44}		李旺北断裂	逆冲断层	南北355°	正东85°	27		
F_{IV}^{45}		丁塘西1号断裂	逆冲断层	北北西326°	南西西236°	49		
F_{IV}^{46}		丁塘西2号断裂	逆冲断层	北北西320°	北东东50°	55		
F_{IV}^{47}		烟筒山断裂	走滑断层	北东东59°	—	13		
F_{IV}^{48}		烟筒山西断裂	逆冲断层	北西西298°	北北东28°	15		
F_{IV}^{49}		田老庄断裂	走滑断层	北东东74°	—	44		罗山冲断带内部断裂
F_{IV}^{50}		南川断裂	逆冲断层	北北西337°	南西西247°	30		
F_{IV}^{51}		罗山西麓断裂	逆冲断层	北北西348°	北东东78°	44		
F_{IV}^{52}		炭山北断裂	走滑断层	北东东58°	—	11		
F_{IV}^{53}		甘城西断裂	逆冲断层	北北西324°	南西西234°	14		甘城构造带北部断裂
F_{IV}^{54}		甘城南断裂	走滑断层	北东东62°	—	13		
F_{IV}^{55}		张家塬北断裂	走滑断层	北东东74°	—	26		
F_{IV}^{56}		韦州断裂	逆冲断层	南北359°	正西269°	40		韦州向斜内部断裂
F_{II}^{2}	II级	彭阳断裂	逆冲断层	南北359°	正西269°	60	鄂尔多斯地块	彭阳褶断带与天环向斜的分界断裂
F_{II}^{3}		车道断裂	逆冲断层	南北2°	正西272°	134		

续表 3-1

编号	级别	名称	性质	走向	倾向	长度/km	构造体系	地质意义
F_{IV}^{57}		新民北断裂	走滑断层	北东 52°	—	12		
F_{IV}^{58}		黄花东 1 号断裂	逆冲断层	北北西 332°	南西西 242°	28		
F_{IV}^{59}		黄花东 2 号断裂	逆冲断层	北北西 322°	南西西 232°	11		
F_{IV}^{60}		六盘山镇东断裂	走滑断层	北东 51°	—	17		
F_{IV}^{61}		开城东断裂	逆冲断层	北北西 354°	南西西 264°	41		彭阳褶断带内部断裂
F_{IV}^{62}		固原北断裂	走滑断层	北东 79°	—	16		
F_{IV}^{63}		头营南断裂	走滑断层	北东 64°	—	9		
F_{IV}^{64}		云雾山断裂	逆冲断层	南北 360°	正西 270°	38		
F_{IV}^{65}		新集-交岔断裂	逆冲断层	南北 358°	正西 268°	57		
F_{IV}^{66}		红河-草庙断裂	正断层	南北 356°	正东 86°	57		天环向斜内部断裂
F_{IV}^{67}		孟源-冯庄断裂	正断层	南北 357°	正东 87°	46		
F_{IV}^{68}	IV 级	小岔北断裂	走滑断层	北西 309°	—	25	鄂尔多斯地块	
F_{IV}^{69}		炭山北断裂	走滑断层	北西 309°	—	16		
F_{IV}^{70}		寨科北断裂	逆冲断层	北北东 7°	北西西 277°	17		
F_{IV}^{71}		张家塬东断裂	走滑断层	北西 316°	—	10		
F_{IV}^{72}		张家塬南断裂	走滑断层	北东东 75°	—	15		
F_{IV}^{73}		预旺东断裂	走滑断层	北西西 296°	—	15		
F_{IV}^{74}		马高庄东 1 号断裂	逆冲断层	南北 359°	正西 269°	29		韦州褶断带内部断裂
F_{IV}^{75}		马高庄东 2 号断裂	逆冲断层	南北 4°	正西 274°	31		
F_{IV}^{76}		马高庄东 3 号断裂	逆冲断层	南北 3°	正西 273°	31		
F_{IV}^{77}		下马关东断裂	走滑断层	北西西 293°	—	10		
F_{IV}^{78}		青龙山断裂	逆冲断层	北北西 351°	南西西 261°	29		
F_{IV}^{79}		青龙山东断裂	逆冲断层	北北西 352°	南西西 262°	29		

本区域深部断裂分布较少,共 17 条。其中:2 条 I 级断裂分别为海原断裂(F_I^1)(西华山-六盘山断裂)与牛首山-罗山-崆峒山断裂(F_I^2)(青铜峡-固原断裂);3 条 II 级断裂依次是月亮山南麓-六盘山西麓断裂(F_{II}^1)、彭阳断裂(F_{II}^2)和车道断裂(F_{II}^3);3 条 III 级断裂包括天景山断裂(F_{III}^1)、烟筒山-窑山断裂(F_{III}^2)、海原-同心断裂(F_{III}^4);其余 9 条断裂均为 IV 级断裂,依次是平峰-震湖断裂(F_{IV}^1)、贾塬断裂(F_{IV}^{30})、关桥东断裂(F_{IV}^{31})、白套子断裂(F_{IV}^{34})、喊叫水西断裂(F_{IV}^{38})、王团东断裂(F_{IV}^{44})、张易-开城断裂(F_{IV}^{80})和奠安-黄花断裂(F_{IV}^{81})和甘城东断裂(F_{IV}^{82})(图 3-18,表 3-2)。

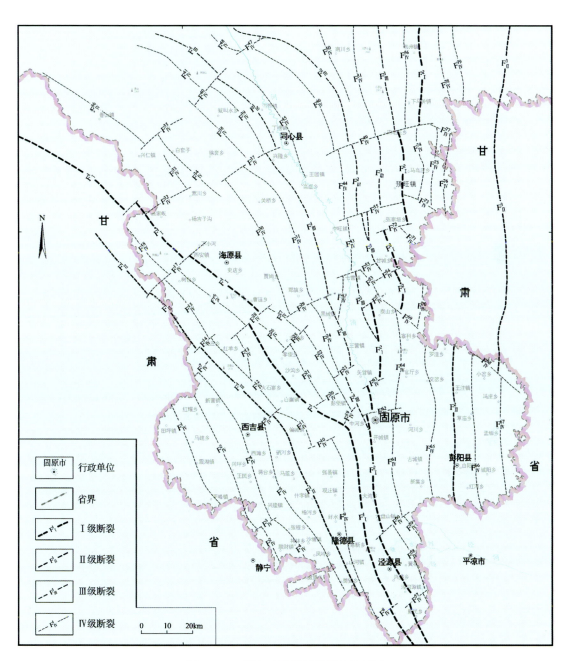

图 3-17 研究区浅部断裂展布特征图

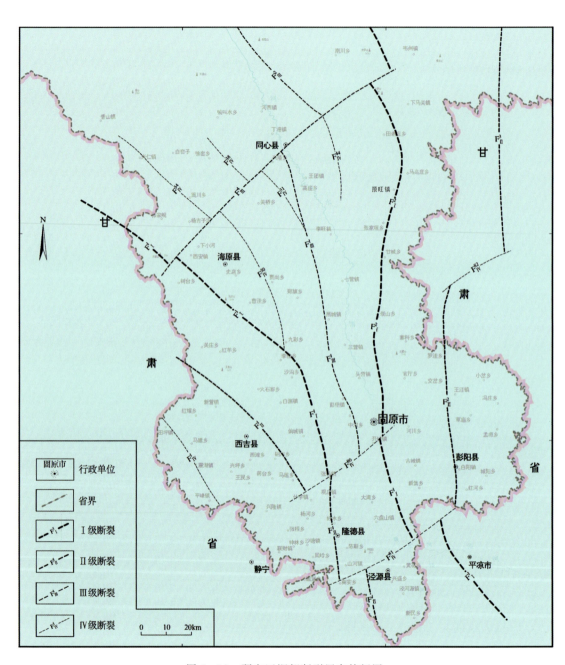

图 3-18 研究区深部断裂展布特征图

表 3-2 研究区深部断裂展布特征汇总表

编号	级别	名称	性质	走向	倾向	长度/km	构造体系	地质意义
F_I^1	Ⅰ级	海原断裂	逆冲断层	北西 314°	南西 227°	232	北祁连海沟系	北祁连早古生代造山带边界断裂
F_{II}^1	Ⅱ级	月亮山南麓-六盘山西麓断裂	逆冲断层	北西 322°	南西 232°	129		西吉坳陷盆地与西华山-六盘山冲断带分界断裂
F_{IV}^1	Ⅳ级	平峰-震湖断裂	逆冲断层	北西 325°	南西 235°	41		西吉坳陷盆地内部断裂
F_{IV}^{80}		张易-开城断裂	走滑断层	北东 54°	—	49		西华山-六盘山冲断带内部断裂
F_{IV}^{81}		奠安-黄花断裂	走滑断层	北东东 59°	—	58		
F_I^2	Ⅰ级	牛首山-罗山-峏峒山断裂	逆冲断层	南北 358°	正西 268°	157	腾格里增生楔	阿拉善微陆块与鄂尔多斯地块的分界断裂
F_{III}^1		天景山断裂	逆冲断层	北北西 345°	南西西 255°	122		香山褶断带边界断裂
F_{III}^2	Ⅲ级	烟筒山-窑山断裂	逆冲断层	北西 316°	南西 226°	47		烟筒山-窑山冲断带边界断裂
F_{III}^4		海原-同心断裂	走滑断层	北东 49°	—	122		
F_{IV}^{30}		贾塬断裂	逆冲断层	北北西 335°	南西西 245°	60		烟筒山-窑山冲断带内部断裂
F_{IV}^{31}		关桥东断裂	逆冲断层	北北西 322°	南西西 232°	27		
F_{IV}^{34}	Ⅳ级	白套子断裂	逆冲断层	北西 311°	南西 221°	49		
F_{IV}^{38}		喊叫水西断裂	逆冲断层	北西 316°	南西 226°	23		
F_{IV}^{44}		王团东断裂	逆冲断层	北北西 348°	南西西 258°	33		
F_{II}^2	Ⅱ级	彭阳断裂	逆冲断层	南北 358°	正西 268°	86	鄂尔多斯地块	彭阳褶断带与天环向斜的分界断裂
F_{II}^3		车道断裂	逆冲断层	南北 2°	正西 272°	87		
F_{IV}^{82}	Ⅳ级	甘城东断裂	走滑断层	北东东 59°	—	30		天环向斜内部断裂

(一) Ⅰ级断裂

1. 海原断裂(F_I^1)

该断裂又称为西华山-六盘山断裂,分为北段与南段,其中北段称为海原断裂,南段称为六盘山东麓断裂。

海原断裂西起干盐池,经西华山、南华山北麓延伸至曹洼以东,总体走向 305°~310°。地貌特征明显,北东侧为低缓的黄土丘陵山体,西南侧为陡峭的山体,遥感图像标识明显,区内连续出露长60km,断面倾向西南,倾角50°~70°,舒缓波状延伸。上盘主要为海原群,局部地段见有古近系、新近系和第四系;下盘地层主要为古近系、新近系和第四系,局部见志留系旱峡组,为一条多期活动的逆断层。该断裂活动最早始于加里东中晚期,导致深部岩浆岩断裂上侵,形成数个现状展布的花岗闪长岩体及闪长岩脉。喜马拉雅期断裂活动再次加剧,性质更趋复杂,各段表现差异较大,为一条产状和力学性质多变的活动断层。

六盘山东麓断裂北起固原硝口,南至泾源西沟以南,并延至甘肃省陇县境内。走向北北西—近南北,全长约120km,断面倾向南西西—南西,倾角变化大(25°~75°)。断裂由数条次级逆冲推覆断层构成,变现为上陡下缓的"铲形"推覆断裂。断裂上盘为白垩系六盘山群,下盘为古近系。综合来分析,六盘山东麓断裂以北东向逆冲推覆为主,兼右行走滑的性质。

在剩余重力异常场中,断裂表现为区域性的重力异常梯级带,西南侧北西向西华山-南华山-月亮山-六盘山剩余重力高值异常带与北东侧海原凹陷、固原凹陷、开城断陷、杨家湾断陷剩余重力低值异常区形成了鲜明的对比,体现了断裂两侧巨大的地层差异及断距,反映了断裂宏大的发育规模。在航磁异常场中,1~4阶的航磁小波细节场均体现出海原断裂为区域性的航磁异常分界断裂,断裂西南侧,北西向串珠状的航磁异常分布于西华山、南华山一带,断裂东北侧,平静的低磁异常背景说明海原凹陷的沉积特征。大地电磁测深剖面清楚地反映出断裂呈现西南侧的高阻电性区向东北侧的低阻异常区明显的过渡带特征,此电性过渡带特征在 $A—A'$、$H—H'$、$B—B'$ 剖面上均有体现,说明该断裂具备深大断裂的特征。

2. 牛首山-罗山-崆峒山断裂(F_1^2)

牛首山-罗山-崆峒山断裂,为牛首山-罗山-崆峒山逆冲推覆系的前缘主边界断裂,亦称为青铜峡-固原断裂。由于罗山以北的断裂部分已经超出了本次研究区的北侧边界,因此,此次呈现断裂为罗山-崆峒山断裂,进一步分为罗山东麓断裂与崆峒山东麓断裂。

罗山东麓断裂近南北展布于大罗山、小罗山东麓,断裂南延至孙家滩,沿蜗牛山西麓、煤山东麓延伸,南段与小关山东麓断裂相接。在煤山东麓,可见米钵山组逆掩于太原组之上,并发育宽约数米的断层破碎带。断层舒缓波状,剖面上呈上陡下缓的"铲形",倾角20°~70°。

崆峒山东麓断裂展布于崆峒山隆起带前缘,断裂走向北北西,断裂规模较小,断面倾向南西,倾角60°~85°,逆冲性质明显,发育小型叠瓦状逆冲推覆构造组合,常见断裂上盘的白垩系马东山组逆冲于下盘的新近系之上。断裂向南接山西岐山-哑柏断裂,是鄂尔多斯西缘隆起区与六盘山短些盆地的分界断裂。

断裂具有明显的地球物理场响应特征。1~4阶重力细节场显示,断裂为区域性的高、低重力异常区带的分界,断裂西侧为长条状的剩余重力低异常带,由北向南逐次分布,与断裂东侧的剩余重力高值异常带形成鲜明的对比,由浅至深,高低异常的分界更为清晰,断裂的位置也逐次向西侧以东,反映出了断裂西倾的空间赋存特征;对比发现,该断裂的磁异常分区现象不明显,没有清晰的磁场界限与断裂位置重合,说明该断裂不具备控制深部磁性物质分布的作用。

(二) Ⅱ级断裂

1. 月亮山南麓-六盘山西麓断裂（$F_Ⅱ^1$）

该断裂为西华山-六盘山冲断带的西侧边界断裂，分为南、北两段，北段称为西华山-月亮山南麓断裂，南段称为六盘山西麓断裂。

西华山-月亮山南麓断裂位于西华山、南华山南麓，总体走向305°～310°，北西向延至甘肃省景泰县交会于龙须河-官草沟断裂，区内断续出露长约110km，断面北东倾向，倾角70°～80°。断裂切割了海原群、志留系、泥盆系、下白垩统和新生界，沿断裂带有加里东期花岗岩闪长岩体和闪长岩脉侵入，显示断裂为左行走滑兼逆冲特征，断层为多期活动的逆断层。

月亮山南麓-六盘山西麓断裂位于月亮山-六盘山西南麓，向南东经隆德沿六盘山西麓直入甘肃省境内，在区内延伸约150km，走向北西，平面上呈舒缓波状弧形展布，倾向北东，倾角50°～60°。上盘由长城系、白垩系构成，下盘由古近系、新近系和第四系组成。在遥感影像图上，断裂线性特征清楚，地貌上构成月亮山山地与黄土丘陵的分界。该断裂为白垩系六盘山群断陷盆地的西部边界正断层，断面东倾，沿断面上盘沉积有巨厚洪积相三桥组砾岩，在喜马拉雅期陆内造山作用下，该断裂构造反转，形成左行走滑兼逆冲断层，旁侧发育牵引褶皱月亮山背斜等。

2. 彭阳断裂（$F_Ⅱ^2$）

彭阳断裂为青龙山-平凉断裂的中段，是彭阳县境内彭阳冲断带与天环向斜的分界断裂。断裂北起罗洼乡东侧，经王洼乡，穿过彭阳县城，出宁夏境内，达甘肃省平凉县，全长61km。断裂基本被第四系覆盖，仅有局部的冲沟见有中元古蓟县系、古生界寒武系—奥陶系及中生界白垩系。区域重力场特征显示，北部的车道断裂在甘肃庆阳县境内的车道规模逐渐变小，直至消失，宁夏彭阳县境内的彭阳断裂继承了北部车道断裂的发育特征及其对构造单元的控制作用。MT剖面资料显示，彭阳断裂为倾角较陡的西倾逆断层。

3. 车道断裂（$F_Ⅱ^3$）

车道断裂为车道-阿色浪断裂的中南段，由宁夏马家滩开始，经萌城进入甘肃省南秋子东车道坡、冯庄直抵宁夏彭阳县小叉乡北部。断裂基本被第四系覆盖，地表难以见到明显的出露特征，但区域重力及电法、地震剖面资料均证实了该断裂的存在，研究区内断裂长约90km。该断裂为陶乐-彭阳冲断带的东部边界断裂，沿此断裂，重力场表现为密集的梯度带，推测断面东倾，属于高角度正断层，断距8km左右。萌城以南，断面西倾，为一向东仰冲的逆断层。车道断裂中段称为马家滩-甜水堡断裂，该断裂明显控制了宁夏东部中—新元古界寒武系、奥陶系的沉积与分布，在加里东期活动性较强，同时也明显控制了中、新生界的分布。

(三) Ⅲ级断裂

1. 天景山断裂($F_Ⅲ^1$)

天景山断裂又称中卫-同心断裂,为香山褶断带的前缘边界断裂。断裂西起长流水以西,经窑沟村、高家水、红沟梁、天景山北麓、小洪沟至红尖山,往东南延可与六盘山东麓断裂相接,呈北东凸出之弧形,为宁南弧形构造带的第二条弧形断裂,弧顶位于红沟梁-天景山北麓,区内延伸192km。

根据重力场响应分析,天景山断裂具有明显的重力梯级带特征,断裂西南侧,弧形的长条状高值异常带清晰展布,显示了断裂明显的构造分带作用。异常高值条带延伸至黑城以北,强度减弱。地面断裂也呈隐伏状,被覆盖于第四系之下。但是,经过对重力数据进行边界识别处理后发现,断裂经过黑城地区继续向南东方向延伸,过三营、彭堡东,达固原以西、开城以北地区,归并于牛首山-罗山-崆峒山断裂之上。跨断裂的A—A′、H—H′剖面显示,断裂为一上陡下缓的逆冲断裂。

该断裂在前第四纪具有强烈的挤压逆冲性质,第四纪以来断裂活动性再次加剧。研究显示,断裂形成于加里东末期,燕山期及喜马拉雅期的两次活动,加剧了断裂带的构造变形。

2. 烟筒山-窑山断裂($F_Ⅲ^2$)

烟筒山-窑山断裂,为宁南弧形构造带的第三条弧形断裂,北西向弧形展布,弧顶位于烟筒山东北麓詹家大坡—好汉疙瘩。断裂地貌特征明显,西南侧为烟筒山、窑山等北西向分布的山体,东北侧则是红寺堡新生代盆地,两侧高差200~300m,在马过井、詹家大坡、榆树沟等地,可见泥盆系、石炭系逆冲于古近系、新近系及第四系之上。

断裂重力场响应特征清晰,片状的重力高异常分布于断裂的西南侧,显示出烟筒山-窑山逆冲推覆系的地层特征,东北侧分布片状的重力低异常,为红寺堡新生代盆地的反映,通过断裂两侧的重力场特征,也可以看出,断裂逆冲规模较大,是腾格里增生楔内重要的分带断裂。A—A′、H—H′剖面显示,该断裂为明显的逆冲段断裂性质,高阻区向中低阻区过渡的电性特征清楚,是区域性地球物理场的分界断裂。

3. 罗山东麓断裂($F_Ⅲ^3$)

罗山东麓断裂近南北向展布于大罗山—小罗山东麓,向南至田家老庄,被北东东向断裂右行错断,位移至预旺西侧,至张家垣、甘城西侧,过七营一带,在炭山南部交会于青铜峡-固原断裂。

该断裂原本被当作青铜峡-固原断裂的一支。通过对此次物探资料的分析发现,该断裂为宁南弧形构造带的第四条弧形断裂,与天景山断裂、烟筒山-窑山断裂具有类似的地质成因及构造分带作用,是牛首山冲断带与韦州盆地的分界断裂。

重力场特征反映断裂为典型的逆冲推覆带前缘断裂,断裂西侧明显的推覆带引起的局部重力高值条带与断裂东部的重力低值异常区形成鲜明的对比。

(四) Ⅳ级断裂

研究区Ⅳ级断裂分布区域较广,主要分为4种类型:北祁连海沟系北北西向断裂、腾格里增生楔北北西—北西向弧形断裂、鄂尔多斯西缘冲断带南北向断裂、北北东向走滑断裂。

1. 北祁连海沟系北北西向断裂

伴随着祁连海沟系构造格局的形成,在其内部发育一系列北北西向的次级规模断裂。$B—B'$剖面揭示,此系列断裂下切深度较小,基本上均为西吉盆地上部新生代沉积层内部发育的逆冲断裂。

2. 腾格里增生楔北北西—北西向弧形断裂

腾格里增生楔内部天景山断裂、烟筒山-窑山断裂等具有一定规模的构造单元分界断裂主要形成于加里东晚期,定型于燕山期,伴随主要4条弧形断裂的发育产生,在其前后缘形成了一系列的次级断裂,与主要断裂呈平行展布特征,延伸长度较大。从3条电法剖面特征分析,该系列断裂均依托主断裂发育,下切深度不大,呈一系列的逆冲推覆断裂。

3. 鄂尔多斯西缘冲断带南北向断裂

喜马拉雅造山运动的兴起,开启了青藏高原持续隆升的序幕,客观上为高原的东北缘地区提供了持续的西南向北东推挤的区域地质应力。调查区西部位于挤压应力影响的前锋位置,尽管所受应力已逐渐减弱并趋于消亡,但在东部鄂尔多斯刚性地块的阻挡下,挤压形成了南北向奥陶系基底的隆升带,称为宁夏的"南北古脊梁",其间发育了一系列逆冲断裂。区域的深部地球物理探测结果显示,该系列断裂为西倾逆冲断层,本次工作完成的甘城与彭阳地区的两条大地电磁测量剖面的电性特征也印证了断裂的展布特征。

4. 北北东向走滑断裂

伴随着研究区逆冲推覆断裂的形成,持续的应力推挤作用在不同构造区域会产生有规律的差异化断裂形变,主要表现为产生一系列走滑断层,平面场对北北西向、北西向弧形断裂及南北向逆冲断裂进行了右行错断,且由南向北错断规模逐渐增大。

三、与已有成果对比分析

此处的"已有成果"是指在区域地质调查中已完成勘查并确立的断裂格架,简称"地质断裂"。将地质断裂与此次基于区域重力解译的浅层断裂格架进行对比,发现以下3点异同:一是整体断裂格架的一致性;二是主要断裂位置的差异;三是对三大构造单元分界断裂的认识(图3-19)。

(一)断裂格架的一致性

通过对比发现,已有成果中的构造单元边界断裂在基岩出露区,与本次解译的断裂成果

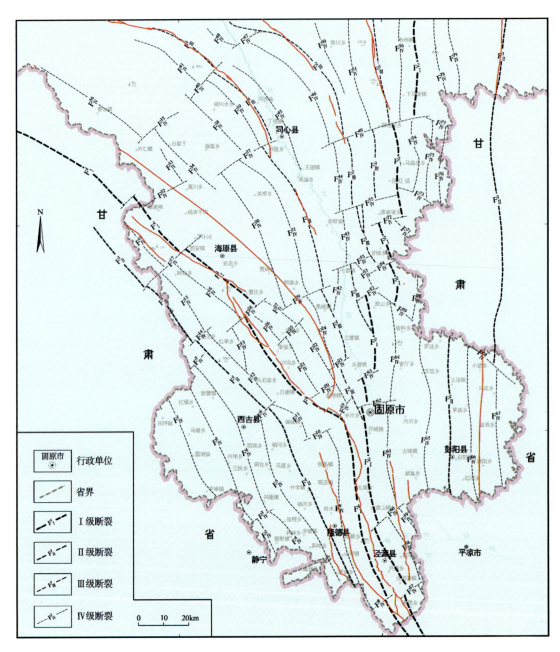

图 3-19 研究区断裂展布特征对比

基本一致,即:对海原断裂的刻画基本一致,均认为它发育在西华山、南华山、月亮山与六盘山的东北麓;天景山断裂分布于香山褶断带的东北麓,烟筒山-窑山断裂分布于烟筒山东北麓;对罗山东麓断裂的刻画也基本一致,东部的车道-阿色浪断裂马家滩段也基本对应。在基岩出露区地质实勘断裂与重力资料解译断裂良好的对应说明,虽然物探推断断裂基于的重力资料精度较低,但对研究区规模较大断裂的厘定结果具有较强的可信度,能够作为覆盖区断裂划分的主要技术方法。

(二)主要断裂位置的差异

虽然物探推断的主要断裂格架与地质实勘断裂基本一致,但是在个别主要断裂的位置确定方面仍然存在明显的差异性。

(1)物探解译断裂体系终未发现地质划定的区域性分布于兴仁、蒿川、杨吉子沟、贾塬、郑旗、彭堡等地区的香山南麓断裂(F_{11})。

(2)地质上实勘的天景山断裂(F_{10})终止于同心兴隆乡,烟筒山-窑山断裂(F_9)与罗山东麓断裂(F_8)终止于王团—田老庄一带,未给出3条断裂向南延伸的具体位置,根据地球物理场分布特征推断的上述3条断裂的展布位置及其分布特征明确。

(3)地质实勘的车道-阿色浪断裂(F_5)在通过甜水堡后,穿越甘肃省的沙井子地区,由彭阳县小叉乡附近进入宁夏境内,向南至城阳乡后出宁夏;物探推断的车道-阿色浪断裂(F_5)并未延伸至彭阳县境内,而新划定的彭阳断裂在地球物理场中具有明显的分区作用,与北部的车道-阿色浪断裂具有相同的构造分区作用,但是二者不是同一断裂。

(三)对三大构造单元分界断裂的认识

已有的地质研究成果(王成等,2017)认为"祁连早古生代造山带与阿拉善微陆块之间的分界应该为香山南麓断裂(F_{11})至六盘山东麓断裂(F_{15})",并认为"香山南麓断裂(F_{11})为隐伏于新生界之下的深大断裂,地表虽无法识别,但布格重力和区域航磁在此处分别表现为线性重力低带和正负磁异常的分界带""宁夏开展的大地电磁测深剖面资料也反映出香山南麓断裂(F_{11})为一北西走向的深大断裂"。但是,经过本次区域地球物理资料精细分析,香山南麓断裂(F_{11})不具备区域性的构造单元边界断裂的特征,海原断裂(F_{12})应该是祁连早古生代造山带与阿拉善微陆块之间的分界断裂。

关于阿拉善微陆块与鄂尔多斯地块的分界断裂,地质认识与此次物探推断断裂基本趋于一致,认为牛首山-罗山-崆峒山断裂(F_8)为两个构造单元的分界。但是,在断裂的局部具体位置上仍然存在明显的差异,主要体现在韦州—下马关一线区域。地质实勘认为,牛首山-罗山-崆峒山断裂(F_8)在此地区应该位于罗山东麓山前一线地区,即罗山东麓断裂为该边界断裂的重要组成部分,韦州向斜应归于鄂尔多斯西缘,物探资料分析结果显示,分界断裂应该分布于韦州—下马关的东侧,即韦州向斜应归属于阿拉善微陆块。

第四节 重要断裂问题探讨

一、构造单元分界断裂位置

(一)牛首山-罗山-崆峒山断裂在固原黄土覆盖区的具体位置

牛首山-罗山-崆峒山断裂又称青铜峡-固原断裂,是宁夏境内重要的区域性构造单元分界断裂之一。但是，自罗山东麓以南地区开始，该断裂基本呈隐伏状，被厚度较大的新生界覆盖，地表难以见到大面积的基岩出露，因此对断裂的具体位置难以进行准确的厘定，直接影响了断裂的精确划分结果。

基于地球物理资料的断裂划分方法是解决上述问题的重要途径。区域1:20万重力资料处理结果表明，牛首山-罗山-崆峒山断裂是重要的地球物理场的分界，具有清晰的局部地球物理异常特征。在区域重力2阶细节场垂向二阶导数图中，断裂表现为清晰的局部高异常条带与局部低异常条带的分界，其特征有如下两点：第一，断裂东侧区域，重力异常为两条南北向的高幅值异常条带，条带分布匀称，且由南向北具有明显的相似性，仅在局部区域，被北东东向的右行走滑断裂错断。断裂西侧区域，数个重力异常高值带幅值明显低于断裂东侧，各局部异常条带展布特征各异，且整体具有北北西—北西走向转变的弧形特征；第二，沿着断裂走向，紧挨断裂东侧分布的为一条南北向的重力异常高值条带，被北东东向走滑断裂逐级错断。断裂西侧则是与高值异常条带伴生的重力低值异常条带，重力高异常条带与重力低异常条带区域性分布特征具有高度一致性。基于上述特征，初步确定了牛首山-罗山-崆峒山断裂的位置(图3-20a)。

垂向二阶导数对牛首山-罗山-崆峒山断裂的划定基本确立了断裂的展布特征，斜导数对断裂的识别结果是对垂向二阶导数划定结果的印证。在斜导数断裂识别图中，断裂表现为由南向北的重力高值异常带与低值异常带的分界线，此界线明显地将断裂两侧展布特征不同的重力异常区进行了划分，体现了断裂为区域性的具有一定规模的构造单元分界断裂。断裂东侧，重力异常场以明显的南北向展布的高值异常为主，其间夹持了局部的低值异常带，反映了陶乐-彭阳冲断带中南段古生界的隆升特征；断裂西侧，北北西向展布的片带状重力高异常区与条带状重力低异常带相间分布，体现出了阿拉善微陆块中生界沉积地层受北东向挤压应力而形成的弧形构造体系特征。断裂两侧明显的重力场异常特征，印证了牛首山-罗山-崆峒山断裂的具体展布位置(图3-20b)。

通过两种边界识别技术的应用，确立了牛首山-罗山-崆峒山断裂的展布特征与具体位置。整体上，断裂呈南北走向，研究区内延伸约240km，被北东东向走滑断裂右行错断为8个亚段，且由南向北，右行错断的规模逐渐增大。第一亚段断裂主要分布于新民乡以南的宁夏境外，长17.4km，以走滑断裂F_{IV}^{57}为界，走滑距2.3km，此处不作详细描述；第二亚段断裂，南起新民乡，过泾河源镇、兴盛乡，长27.8km，至六盘山镇以南5.3km处，被断裂F_{IV}^{60}错断，右行错开2.4km；第三亚段断裂，向北延伸，过大湾乡、开城镇，达中河乡正东6.1km处，长46.3km，被断裂F_{IV}^{62}右行走滑错断2.6km；第四亚段断裂，过固原后，到头营镇东南4.5km处，长10.3km，断裂F_{IV}^{63}错断了主断裂，走滑距5.3km；第五亚段断裂，向北达炭山乡，长30.1km，两条走滑断裂F_{IV}^{52}与F_{IV}^{69}共同形成了主断裂的右行走滑错断，走滑距约12km；第六亚段断裂，途径甘城乡，至张家源乡南3.3km，长33.0km，被断裂F_{IV}^{72}错断，走滑距9.4km；第七亚段断裂，起于张家源乡东部，经预旺镇、过马高庄乡，至田老庄乡，长36.5km，被断裂F_{IV}^{49}截断，向东错断9.5km；第八亚段断裂，途径青龙山西麓，沿下马关镇、韦州镇东侧以线延出研究区，长38.3km(表3-3)。

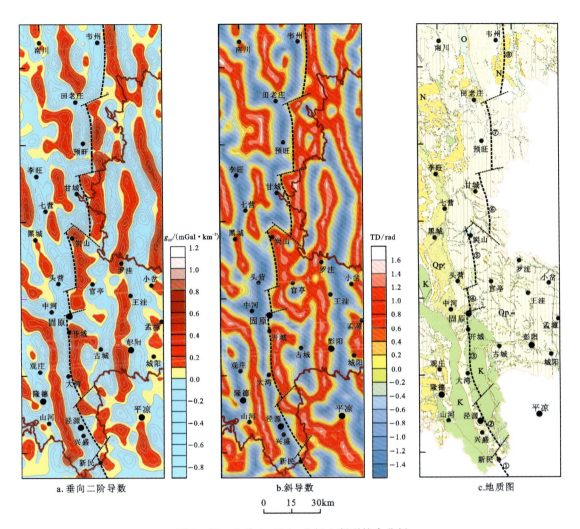

图 3-20 牛首山-罗山-崆峒山断裂综合分析

牛首山-罗山-崆峒山断裂也是研究区东部重要的地层分界线。断裂以东为鄂尔多斯西缘地层分区（$Ⅲ_4^1$）桌子山-青龙山地层小区（$Ⅲ_4^{1-2}$），断裂以西为阿拉善南缘地层分区（$Ⅲ_3^1$）景泰-中宁地层小区（$Ⅲ_3^{1-1}$）。桌子山-青龙山地层小区内出露古元古代、长城纪、蓟县纪、震旦纪、寒武纪、奥陶纪、石炭纪、二叠纪、三叠纪、侏罗纪、白垩纪、古近纪、新近纪和第四纪地层。古元古界千里山岩群是该地区出露最古老的地层，是华北克拉通北缘孔兹岩带的组成部分；景泰-中宁地层小区内发育奥陶纪、志留纪、泥盆纪、石炭纪、二叠纪、三叠纪、侏罗纪、白垩纪、古近纪、新近纪和第四纪地层（图 3-20d）。

第一亚段：新民段断裂西侧出露白垩系马东山组（K_1m）、古近系清水营组（E_3q），局部见寺口子组（E_2s）；东侧分布大面积的古近系清水营组（E_3q），穿插展布白垩系李洼峡组（K_1l）与三桥组（K_1s），局部出露中元古界王全口组（Pt_2^2w）与寒武系胡鲁斯台组（$\in_2h$）。

表 3-3 牛首山-罗山-崆峒山断裂展布特征明细表

断裂亚段	走向	长度/km	走滑距/km	地质特征 东侧	地质特征 西侧
第一亚段	NNW335°	17.4	2.3	大面积的古近系清水营组,穿插展布白垩系李洼峡组与三桥组	白垩系马东山组、古近系清水营组,局部见寺口子组
第二亚段	NNW329°	27.8	2.4	大面积分布白垩系李洼峡组和马东山组,局部见有古近系寺口子组,在沙南东部见条带状出露的三叠系崆峒山组	大范围覆盖古近系寺口子组与清水营组,河流沟渠低洼处局部沉积第四系粉砂土层
第三亚段	NNW352°	46.3	2.6	全范围出露白垩系马东山组,在杨庄的东部,局部出露的奥陶系天景山组	分布古近系寺口子组与清水营组
第四亚段	NNW349°	10.3	5.3	被第四系黄土层覆盖,但在程儿山附近有白垩系马东山组出露	分布第四系马兰组黄土层
第五亚段	SN354°	30.1	12.0	被第四系马兰组黄土层大面积覆盖,局部出露古近系寺口子组与清水营组,白垩系马东山组和三桥组,侏罗系延安组与中元古界王全口组	被第四系马兰组黄土层大面积覆盖,基本无前第四系出露
第六亚段	NNW349°	33.0	9.4	严湾东南地区出露地层主要为奥陶系天景山组、寒武系阿布切亥组和中元古界王全口组	双井地区出露白垩系马东山组、三桥组与侏罗系延安组
第七亚段	SN354°	36.5	9.5	被第四系马兰组黄土层覆盖,在汪家塬南部见有两处奥陶系天景山组出露	完全被第四系马兰组黄土层覆盖,未见前第四系出露
第八亚段	SN360°	38.3		甘沟地区见三叠系二马营组	大面积覆盖第四系马兰组黄土层与新近系彰恩堡组

第二亚段:泾源段断裂西侧大范围覆盖古近系寺口子组(E_2s)与清水营组(E_3q),河流沟渠低洼处局部沉积第四系灵武组粉砂土层(Qh_1l);断裂东侧大面积分布白垩系李洼峡组(K_1l)和马东山组(K_1m),局部小范围见有古近系寺口子组(E_2s),在沙南东部见条带状出露的三叠系崆峒山组(T_3k)。

第三亚段:大湾段断裂西侧主要分布古近系寺口子组(E_2s)与清水营组(E_3q);断裂东侧几乎全范围出露白垩系马东山组(K_1m),仅在北部的河清地区分布第四系沉积层,在杨庄的东部,局部出露的奥陶系天景山组($O_{1-2}t$)印证了该区域覆盖层较薄的特征。

第四亚段:固原段断裂西侧分布第四系马兰组黄土层(Qp_3m),东侧亦被第四系黄土层覆盖,但在程儿山附近有白垩系马东山组(K_1m)出露。

第五亚段：炭山段断裂两侧均被第四系马兰组黄土层（Qp_3m）大面积覆盖,不同的是西侧基本无前第四系出露,东侧局部小面积出露的地层种类繁多,包括古近系寺口子组（E_2s）与清水营组（E_3q）,白垩系马东山组（K_1m）和三桥组（K_1s）,侏罗系延安组（J_2y）与中元古界王全口组（Pt_2^2w）。

第六亚段：甘城段断裂两侧地层覆盖特征与固原段基本一致,但两侧出露地层明显不一致,西侧双井地区出露白垩系马东山组（K_1m）、三桥组（K_1s）与侏罗系延安组（J_2y）,东侧的严湾东南地区出露地层主要为奥陶系天景山组（$O_{1-2}t$）、寒武系阿布切亥组（$\in_{2-3}a$）和中元古界王全口组（Pt_2^2w）

第七亚段：预旺段断裂两侧完全被第四系马兰组黄土层（Qp^3m）覆盖,西侧未见前第四系出露,东侧在汪家塬南部见有两处奥陶系天景山组（$O_{1-2}t$）出露。

第八亚段：韦州段断裂两侧地层出露差异明显,西侧大面积覆盖第四系马兰组黄土层（Qp_3m）与新近系彰恩堡组（N_1z）,东侧甘沟地区见三叠系二马营组（T_2e）。

经上述 8 个亚段断裂两侧的地层对比分析可知,断裂东侧新生界、中生界沉积层明显偏薄,不具有全域统一沉积的特征,属于明显的河流相、河湖交互相沉积环境。经多次构造运动改造,基底隆升较高。断裂西侧早大面积的第四系覆盖特征,未见有局部的浅新生界出露,区域深钻井资料揭示,中生界沉积厚度较大,且具有西薄东厚的变化特征,结合该区区域地层沉积环境特征,为明显的大陆斜坡浅海沉积。

（二）祁连造山带与阿拉善微陆块的分界断裂的确定

祁连早古生代造山带（$Ⅲ_2$）与阿拉善微陆块（$Ⅲ_4$）为研究区两个重要的组成构造单元,其分界断裂的确定一直是该区域构造研究的热点与核心问题,也是影响宁夏南部构造研究及矿产勘查的主要因素之一。

前人多以查汗布拉格-三关口断裂至牛首山-罗山-崆峒山断裂为界（张进,2002）或查汗布拉格-土井子断裂至牛首山-罗山-崆峒山断裂为界（汤锡元等,1988；黄喜峰等,2010）。

《中国区域地质志·宁夏志》（王成等,2017；以下简称《地质志》）认为"二者的分界应南移至香山南麓-六盘山东麓断裂,该断裂东南延接固关-宝鸡断裂,北西延入甘肃景泰,接唐家水-李家水坑深断裂带",并指出"香山南麓断裂为隐伏于新生界之下的盛大断裂,地表虽无法识别,但布格重力和区域航磁异常在次带分别表现为线性重力低带和正负磁异常分界带,宁夏大地电磁测深剖面也反映出香山南麓高庄—麻春一线为北西走向深大断裂"。

本次研究遵循《地质志》构造单元的划分结果,仅从重力、航磁、电磁测深等地球物理资料的分析结果,结合区域地质特征,认为：祁连早古生代造山带（$Ⅲ_2$）与阿拉善微陆块（$Ⅲ_4$）在宁夏境内的分界应确定为海原断裂（F_1^1）,该断裂又称西华山-六盘山断裂,分为北段与南段,北段称为海原断裂,南段称为六盘山东麓断裂。对于将南段六盘山断裂作为两个构造单元分界断裂,本次研究与以往前人研究没有差异,故不作讨论。仅将北段海原断裂的地球物理与地质特征进行详细的分析,与香山南麓断裂进行比较,进而厘定两条断裂的分界性。

1. 断裂的重力场响应特征

重力场中,正负异常区的过渡带常常表现为重力梯级带,是断裂的直接体现。区域性大型重力梯级带具有延伸距离长、线性特征突出的鲜明特征,其两侧的重力正负异常区呈现出截然不同的风格,此类梯级带即是区域性深大断裂的反映。与香山南麓断裂相比较,海原断裂更具有深大断裂的重力异常响应(图 3-21)。

重力 1～4 阶细节场由浅至深反映了该区域构造整体格架及主要断裂的展布。与海原断裂相对应的西安乡—曹洼乡—沙沟乡—偏城乡一线为区内最具规模的重力梯级带,且具有明显深部与浅部的承接性,反映出海原断裂为下切深度比较大的区域性深大断裂;与香山南麓断裂相对应的香山镇—兴仁镇—蒿川乡一线,重力梯级带的特征也比较突出,是控制香山凸起南部边界的重要断裂,但平面延伸距离较短,至蒿川乡地区,重力梯级带的特征几近消失,特别是反映深部构造的重力 3～4 阶细节场中,无任何向东南方向延伸的迹象。

综合重力场异常特征,可以推测祁连造山带与阿拉善微陆块的分界断裂为海原断裂,与香山南麓断裂没有直接关系。海原断裂分布于海原县以西的张家岘、西安镇、史店乡、曹洼乡、九彩乡、李俊乡、偏城镇、张易镇等地区。

2. 断裂的磁场响应特征

相较于重力异常,航磁异常反映的是深部磁性地质体的分布,往往由两部分叠加而成。一类是区域性的、大面积展布的航磁异常,常常呈片状、带状展布,此类异常反映的是深部磁性基底的分布特征;另一类是叠加于区域性片带状航磁异常之上的串珠状、牛眼状、斑点状局部磁异常,反映的是出露或浅隐伏状的基性、超基性岩体,或含有磁性矿物的变质岩。对断裂构造的反映,航磁异常场敏感度明显低于重力异常场,尤其是对中浅部规模较小断裂的识别,而对区域性深大断裂,航磁异常场的反映较为明显,能够与重力场相互印证。本区域航磁异常即具有上述鲜明的特征(图 3-22)。

航磁 1～4 阶细节场逐层剖析出海原断裂的航磁异常响应,即为北祁连带状高磁异常区与阿拉善片状地磁异常区的分界。1 阶细节场显示的断裂位于杨吉子沟—贾塥乡—郑旗乡—张易乡一线,2 阶细节场反映的断裂位置逐渐向西南以东,至 3 阶细节场已移至张家岘—贾塥乡—偏城镇一线,4 阶细节场显示中部曹洼一带的高磁异常区消失,断裂分布至张家岘—杨吉子沟—史店乡—曹洼乡—白崖镇—偏城镇一线。上述由浅至深断裂逐渐西南向移动的现象体现出了海原断裂在深部为西南倾向的逆断层的特征。

从航磁场分布特征分析,祁连造山带与阿拉善微陆块的分界断裂为海原断裂,呈弧形展布于海原县以东的张家岘、杨吉子沟、史店乡、贾塥乡、曹洼乡、郑旗乡、九彩乡、李俊乡、沙沟乡、白崖镇、偏城镇、张易镇等地区。

3. 断裂的电性响应特征

重磁场异常特征反映的是海原断裂平面的展布特征,通过 1～4 阶细节场的变化,能够间接推测断裂在空间的赋存性状。此种推测不足以刻画出海原断裂准确的浅部、深部的转

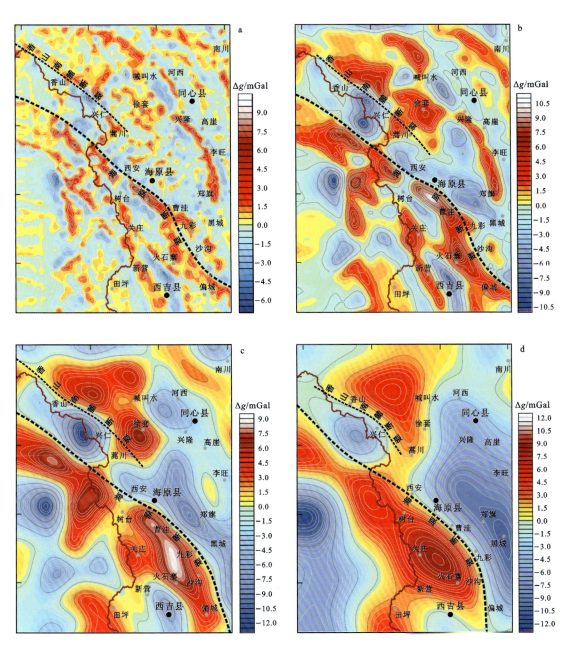

图 3-21 海原断裂与香山南麓断裂重力场特征

承关系,难以将重力场刻画的断裂展布特征与航磁场反映的断裂展布特征进行合理的统一。因此,利用电测深方法探测出断裂在纵向上由深至浅的发育过程就显得十分必要。

从北东向横跨南华山,经海原县史店、贾塬等地区,到达李旺地区的 MT 剖面电性特征可以看出,在南华山山前至史店乡区域,深部发育两条断裂,均体现为高、低电阻区的过渡带特征。其中:东侧断裂 30km 以深处未见明显的电性变化,反映了断裂持续下切的特征;

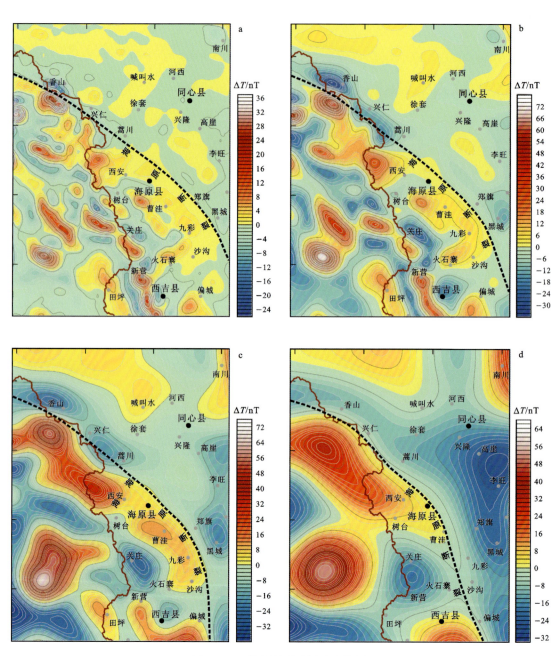

图 3-22 海原断裂磁场响应特征

14km 以浅区域电性呈中低阻的层状结构,说明断裂至此未继续向浅部延伸,上覆大厚度的层状沉积地层,推测地层主要为奥陶系、侏罗系、白垩系及新生界。断裂呈深隐伏状逆断层,记为海原Ⅰ号断裂;西侧断裂 25km 以深,过渡带的电性特征逐渐弱化,推断断裂规模减小,且有向东侧断裂靠拢收敛的趋势,断裂浅部上延于南华山山前出露地表,为裸露逆断裂,记为海原Ⅱ号断裂(图 3-23)。

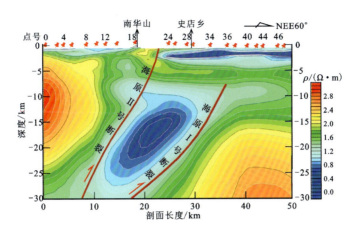

图 3-23 海原断裂电性响应特征

综合重力、航磁、电测深资料对于海原断裂空间展布性状的分析,取得了以下 3 点认识:①海原断裂浅部出露至崛吴山、西华山、南华山东北麓,深部分为海原Ⅰ号断裂与海原Ⅱ号断裂两条;②海原Ⅰ号断裂为深隐伏状的逆冲断层,为早期祁连造山带与阿拉善微陆块的分界断裂,海原Ⅱ号断裂为浅部裸露逆冲断层,为晚期祁连造山带与阿拉善微陆块的分界断裂;③在 30km 的地壳深部,海原Ⅰ号断裂与海原Ⅱ号断裂可能归并为 1 条深大断裂,界定了祁连造山带与阿拉善微陆块的缝合线。

4. 区域地层出露特征

地表出露的地层对上述认识进行了很好的佐证。宁夏海原南西华山地区沿海原Ⅱ号断裂一线西侧主要出露中元古界海原群变质岩系,在南华山穿插出露小面积的早志留世花岗闪长岩及煌斑岩脉、花岗伟晶岩脉,西华山地区可见花岗闪长斑岩脉与石英脉,反映了海原Ⅱ号断裂与海原Ⅰ号断裂在深部交会。甘肃省中东部金昌、兰州地区的地层出露情况与宁夏海原境内类似,且具有很好的一致性。以省界的形状为依据,将两省区地质图进行拼接后,发现海原Ⅱ号断裂延伸出宁夏境后与甘肃省白银境内的阿拉善南缘加里东褶皱带($Ⅲ_1^2$)和北祁连褶皱带($Ⅲ_2^1$)的分界断裂向对应相接,说明对该条分界断裂的认识,地质工作者观点基本一致,即:从地表地层出露情况分析,北祁连造山带($Ⅲ_2$)与阿拉善微陆块($Ⅲ_4$)的边界断裂应确定为海原Ⅱ号断裂(图 3-24)。

根据地球物理与地质特征综合分析结果,建立海原断裂空间赋存样式(图 3-25)。

综上所述,关于北祁连造山带与阿拉善微陆块的分界的问题,可以明确:①宁夏海原境内,两个构造单元的分界为海原断裂,而非香山南麓断裂;②海原断裂在深部分为两条,海原Ⅰ号断裂位于东侧,隐伏状展布于海原盆地内部,海原Ⅱ号断裂位于西侧,裸露状展布于南华山、西华山东北麓,海原Ⅱ号断裂与深部交会于海原Ⅱ号断裂之上;③海原Ⅰ号断裂为前古生代两个构造单元的分界,海原Ⅱ号断裂是后古生代两个构造单元的分界。

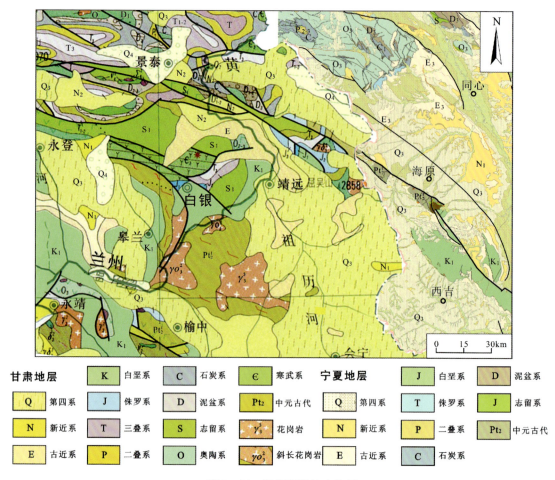

图 3-24 海原断裂地表特征

二、分带断裂空间展布性状

(一)天景山断裂与牛首山-罗山-崆峒山断裂的接触关系

天景山断裂又称中卫-同心断裂,为香山褶断带的前缘边界断裂。据《地质志》中的论述"断裂西起长流水以西,经窑沟村、高家水、红沟梁、天景山北麓、小洪沟至红尖山,往东南延可与六盘山东麓断裂相接,呈北东凸出之弧形,为宁南弧形构造带的第二条弧形断裂"可知,天景山断裂北段为裸露状现于地表,南段呈隐伏状被第四系黄土覆盖层淹没,推测其东南延交于六盘山东麓断裂,具体展布位置不得而知。

重力小波 2 阶细节垂向二阶导数异常特征显示,天景山断裂呈北西走向,弧形展布的重力高值异常条带的东北边界。虽然中卫至同心段,断裂地表出露迹象清晰,为香山褶断带前第四纪地层与第四系黄土覆盖层的分界,但是同心兴隆乡以南地区,反映断裂的重力高值异常条带依旧承接着北部裸露段的异常特征,且线性延伸至黑城镇、头营镇一带(图 3-26a)。

第三章 弧形构造带断裂体系研究

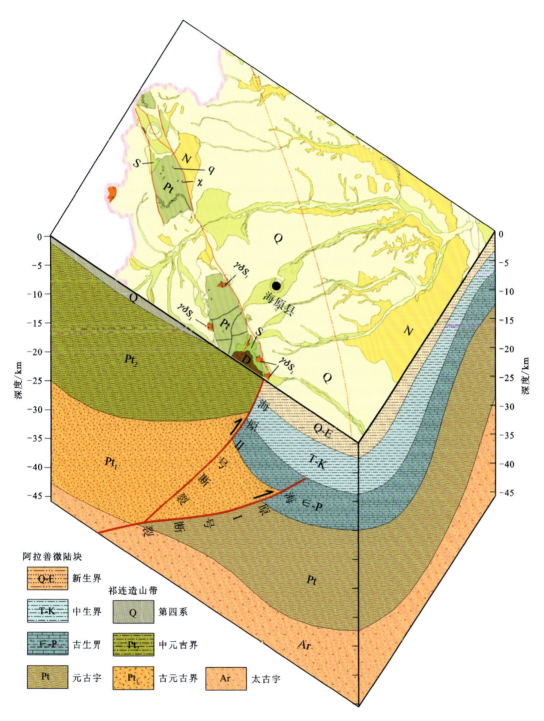

图3-25 海原断裂空间性状示意图

整体上,天景山断裂被北东向断裂右行错断为5个亚段:中河—彭堡段($F_{Ⅲ}^1-1$)、三营—黑城段($F_{Ⅲ}^1-2$)、七营—兴隆段($F_{Ⅲ}^1-3$)、丁塘—河西段($F_{Ⅲ}^1-4$)和天景山北麓段($F_{Ⅲ}^1-5$)。

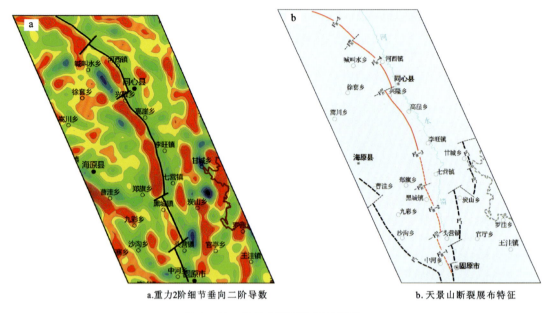

图 3-26 天景山断裂特征解译图

中河—彭堡段($F_{Ⅲ}^1$-1)：南接牛首山-罗山-崆峒山断裂大湾段($F_Ⅰ^2$-3)，北端被$F_Ⅳ^{23}$断裂位错 3.4km。长 24.3km，北北西(338°)走向，呈隐伏状，被第四系覆盖。

三营—黑城段($F_Ⅲ^1$-2)：南起头营镇北西向 5.2km 处，呈北东向微凸的弧形，过三营镇后达黑城镇北部 8.3km 处，被$F_Ⅳ^{29}$断裂位错 1.2km。长 28.9km，北北西(341°)走向，呈隐伏状，伏于第四系覆盖层之下。

七营—兴隆段($F_Ⅲ^1$-3)：南起七营镇西南 8.6km 处，经李旺镇、高崖向一线西侧区域，达兴隆乡西北 3.8km 处被$F_Ⅳ^{37}$断裂位错 4.2km，呈北东向微凸的弧形展布特征。长 61.2km，北北西(336°)走向，七营段隐伏于第四系覆盖层之下，高崖段出露地表，为西南倾向逆冲断层，西南侧古近系清水营组(E_3q)及寺口子组(E_2s)逆冲于东北侧新近系彰恩堡组(N_1z)之上。

丁塘—河西段($F_Ⅲ^1$-4)：南起兴隆乡东北 4.5km 处，过丁塘镇、河西镇，达小洪沟，被$F_Ⅳ^{40}$断裂位错 1.7km，呈北东向微凸的弧形展布特征。长 36.7km，北西(319°)走向，呈裸露状现于地表，逆冲兼走滑断层性质，西南侧古近系寺口子组(E_2s)逆冲于第四系之上，在小洪沟局部见奥陶系天景山组($O_{1-2}t$)、石炭系羊虎沟组(C_2y)出露。

天景山北麓段($F_Ⅲ^1$-5)：南起小洪沟，沿天景山东北麓延伸出研究区，呈北东向微凸的弧形展布特征。长 33.5km，北西西(300°)走向。裸露状逆冲兼走滑断层，断裂西南为香山凸起，大面积出露奥陶系香山群(O_3x)，东北侧沉积新生界。

需要强调的是，断裂七营—兴隆段($F_Ⅲ^1$-3)、丁塘—河西段($F_Ⅲ^1$-4)与天景山北麓段($F_Ⅲ^1$-5)，断裂两侧出露地表的地层差异能够证明断裂特征及性质。中河—彭堡段($F_Ⅲ^1$-1)与三营—黑城段($F_Ⅲ^1$-2)为隐伏形态，主要依靠重力异常特征解译技术来推测。解译成果表明,体现断裂三营—黑城段($F_Ⅲ^1-2$)的高值异常条带相较于七营—兴隆段($F_Ⅲ^1-3$),幅值明显降低,但线性特征已然明显清楚,反映中河—彭堡段($F_Ⅲ^1-1$)的高值异常条带幅值进一步降低,几乎消失,但参考中河乡及固原西北部的带状低值异常区的展布走向发现,两处低值异常中夹持的相对高值异常仍然是黑城—头营地区高值异常条带的承接,为中河—彭堡段($F_Ⅲ^1-1$)断裂的反映,呈南南东向斜交于近南北向的牛首山-罗山-崆峒山断裂($F_Ⅰ^2-3$)之上。

(二)烟筒山-窑山断裂向南延伸情况

《地质志》中对烟筒山-窑山断裂的综合论述为:"宁南弧形构造带的第三条弧形断裂,北西向弧形展布,弧顶位于烟筒山东北麓詹家大坡—好汉疙瘩。断裂地貌特征明显,西南侧为烟筒山、窑山等北西向分布的山体,东北侧则是红寺堡新生代盆地,两侧高差200~300m,在马过井、詹家大坡、榆树沟等地,可见泥盆系、石炭系逆冲于古近系、新近系及第四系之上",基本概括了烟筒山-窑山断裂地质特征。但是,断裂的分布情况在局部区域仍然不够清晰,尤其是在同心东部的李洼子以南地区,基本被新生界覆盖,从地面难以识别出有效信息,包括两个层面:一是断裂较为准确的展布位置信息;二是断裂向南延伸的情况。

重力资料处理结果显示,烟筒山-窑山断裂为北北西—北西西走向弧形展布的重力高异常条带的东北边界,与西侧反映天景山断裂的重力高异常条带相比较,整体幅值有所降低,呈中高值区间,体现该断裂造成两侧的地层差异化没有天景山断裂严重(图3-27a)。

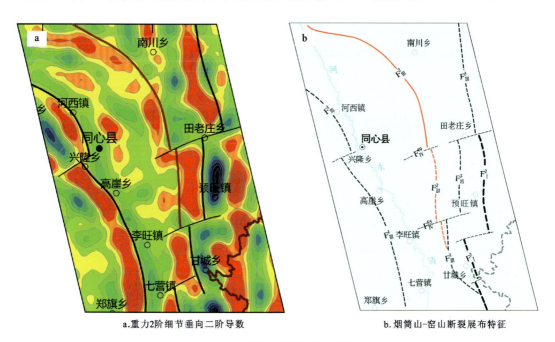

a.重力2阶细节垂向二阶导数　　　　b.烟筒山-窑山断裂展布特征

图3-27　天景山断裂特征解译图

此重力高值异常带向南延伸至田老庄乡一线后被近东西向次级断裂走滑错断,形成明显的异常条带不连续左行错阶,与东侧的另外一条近南北向重力高异常条带合二为一。

根据两条异常条带的幅值及展布特征推测,田老庄乡以南预旺、甘城地区西侧展布的重力高异常条带与东侧经南北向展布的重力高异常条带由同一断裂引起,而非烟筒山-窑山断裂的体现。

由此特征可知:烟筒山-窑山断裂(F_{III}^{2})由呈左行错断的多条断裂共同组成,其中烟筒山—窑山北麓段断裂裸露地表,窑山以南地区断裂隐伏于第四系覆盖层之下,向南延伸至甘城乡西北向9.3km处,断裂归并于一条南北向断裂,该南北向断裂为牛首山-罗山-崆峒山断裂的次级断裂。

(三)罗山东麓断裂与牛首山-罗山-崆峒山断裂的关系

罗山东麓断裂近南北向展布于大罗山—小罗山东麓。《地质志》中表述"断裂南延至孙家滩再一分为二,一支沿蜗牛山西麓-煤山东麓延伸,最终与南段小关山东麓断裂交会;另一支沿罗山东麓延伸,多处见米钵山组逆冲于新近系彰恩堡组之上"。可以看出,罗山东麓存在两条西倾逆冲断层,紧邻罗山山前展布的断裂呈裸露状,东侧的另一条断裂为隐伏状,淹没于第四系风积沙层。论述"罗山东麓断裂与牛首山-罗山-崆峒山断裂的关系",需要厘清罗山东麓的两条分支断裂与牛首山-罗山-崆峒山断裂的展布特征及其之间的关系。

对牛首山-罗山-崆峒山断裂在研究区的展布位置及其重力场响应特征,前文"牛首山-罗山-崆峒山断裂在固原黄土覆盖区的具体位置"小节中已有详细的论述,即牛首山-罗山-崆峒山断裂是重要的地球物理场的边界,具有清晰的局部地球物理异常特征,在区域重力2阶细节场垂向二阶导数图中,表现为清晰的重力高异常条带与低异常条带的分界。

对罗山东麓两条分支断裂的具体展布特征,尤其是东侧的隐伏状分支断裂需要运用重力资料精细解译划定。重力垂向二阶导数显示,罗山东麓断裂西支表现为南北向重力高值异常条带的东边界,与东侧反映牛首山-罗山-崆峒山断裂的重力异常条带具有一致的展布规律,即被北东东向走滑断裂右行错断为4段,断裂的南端在炭山乡南部交会于牛首山-罗山-崆峒山断裂;东支延伸距离短,研究区内仅在田老庄乡以北至韦州地区分布,呈现典型的低幅值高重力异常,与断裂隐伏状态相符合(图3-28a)。以上述罗山东麓断裂的重力场响应特征,将划定的断裂细分为4个亚段,其中:第一亚段($F_{\mathrm{III}}^{3}-1$)、第二亚段($F_{\mathrm{III}}^{3}-2$)和第三亚段断裂呈隐伏状,上覆第四系黄土层,第四亚段($F_{\mathrm{III}}^{3}-4$)出露于罗山东麓山前,断裂东侧为第四系覆盖区,西侧山体主要出露奥陶系米钵山组($O_{2-3}m$)。4个亚段被3条北东东向走滑断裂(F_{IV}^{35}、F_{IV}^{55}、F_{IV}^{49})右行错断,错断距平均约7km。第四亚段东侧的隐伏断裂为夹持于罗山东麓断裂与牛首山-罗山-崆峒山断裂之间的次级小规模断裂(F_{IV}^{56}),与西侧山前断裂为同一系列,向南延伸至田老庄乡以东(80°)区域8.4km处被北北东向断裂终止(图3-28b)。

综上所论,罗山东麓断裂仅有1条,为罗山山前的西倾逆冲断裂,呈裸露状,沿罗山东麓向南延伸至炭山乡正南9.6km处,归并于牛首山-罗山-崆峒山断裂;沿蜗牛山西麓—煤山东麓延伸的断裂为次级小规模断裂,全段基本为隐伏状;牛首山-罗山-崆峒山断裂与罗山东麓断裂之间没有直接的从属关系。

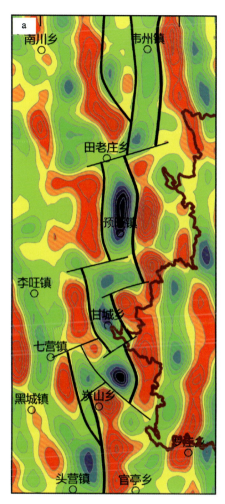 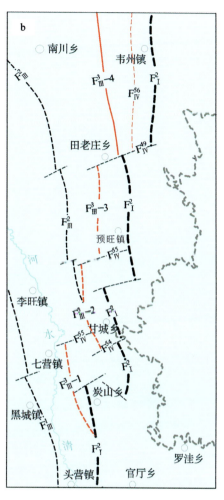

a.重力2阶细节垂向二阶导数　　　　b.罗山东麓断裂展布特征

图 3-28　天景山断裂特征解译图

第四章 弧形构造带盆-岭构造体系研究

第一节 局部构造解译

为了精细解译研究区不同深度局部构造特征,本次运用小波多尺度分解技术对1:20万区域重力资料进行2~4阶分解,结合场源似深度结果分析,2阶细节场能够代表1600m之上的浅部地层的构造展布形态,3阶细节场反映约6000m以上的中深部地层构造形态,4阶细节场主要体现深部地层的局部构造特征。

研究区浅部局部构造形态复杂,整体表现为隆坳相间的构造格局(图4-1)。

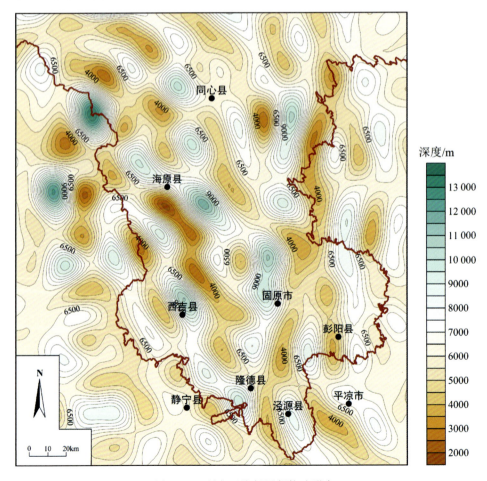

图4-1 研究区浅部局部构造形态

西部北祁连海沟系构造体系以海原—隆德一线为界,呈一系列北北西向展布的隆、坳条带间隔分布;中部腾格里增生楔构造系夹持于海原—隆德及固原—泾源一线,呈北北西向倒三角状分布,数条长条状凸起/凹陷于同心—固原以西呈弧形由南向北延伸出本区,以东受牛首山-罗山-崆峒山断裂控制,以近南北向串珠状展布为主要特征;东侧鄂尔多斯台地西缘构造系呈近南北向条带状分布。最西侧发育的一系列凸起带异常幅值明显高于其他地区,反映出该区域基底隆升的程度,中部为隆坳相间的近南北向构造,南端发育北北西向局部构造,并斜交于西侧构造体系。最东侧受范围限制,局部构造展布不完整,以长条状展布的凹陷为主,是青龙山-平凉断裂的体现。

相比较,研究区中深部继承了浅部构造的整体分布特征,各局部构造形态变化不大,仅是随着深度的进一步变大,小范围、低幅值的局部构造逐次消失,反映出中深部构造形态变为简单。多个小面积条带状局部构造合为一处,形成具有一定规模的构造体系,各局部构造顶面起伏幅度相对变大,体现了中深部局部构造地层界面的隆升或下坳程度更大(图4-2)。

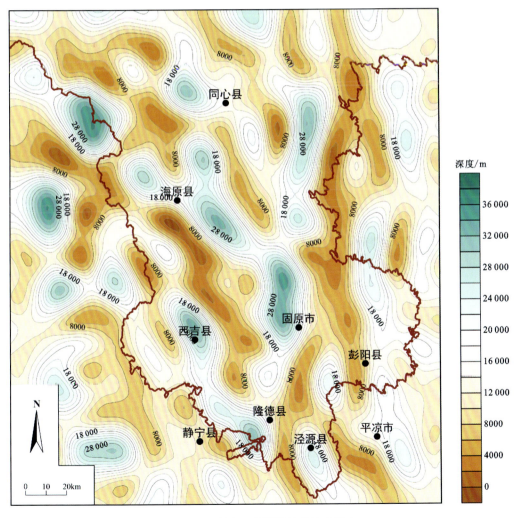

图4-2 研究区中深部局部构造形态

随着深度的进一步增大,研究区深部小范围、低幅值类型的局部构造完全消失或合并,仅存在形态完整、面积较大的局部构造与区域主要构造单元对应,西部以北北西向展布的西吉盆地为代表,中部梨花坪-同心断裂以南残余南华山-月亮山隆起及六盘山盆地,北部以形态完整的兴仁次坳和香山隆起为典型,东部鄂尔多斯台地西缘发育近南北向青龙山隆起与彭阳背斜(图4-3)。

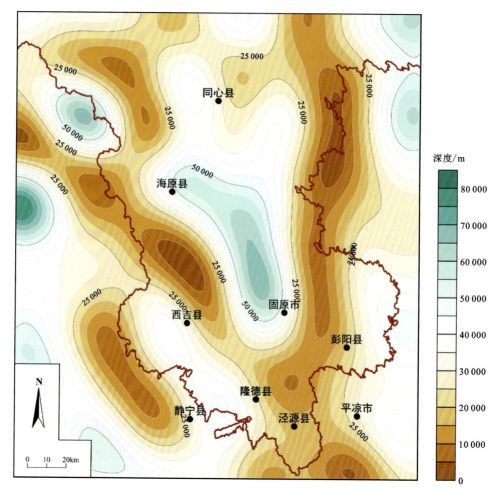

图4-3 研究区深部局部构造形态

第二节 局部构造特征分析

依据《中国区域地质志·宁夏志》(王成等,2017),研究区大地构造位置属柴达木-华北板块Ⅰ级构造单元,祁连早古生代造山带、阿拉善微陆块、华北陆块3个Ⅱ级构造单元,北祁连中元古代—早古生代海沟系、腾格里早古生代增生楔、鄂尔多斯地块3个Ⅲ级构造单元,景泰-海原弧后盆地、白银-西吉岛弧、卫宁北山-香山前陆盆地与鄂尔多斯西缘裂陷带4个

Ⅳ级构造单元,各褶断带、冲断带、大型断(坳)陷盆地、大型背斜构造等Ⅴ级构造单元。依据不同深度重力场特征,结合钻孔、地震剖面、MT剖面等各类地球物理资料,将研究区由浅至深进一步细分为各局部构造,包括隆起、坳陷、凸起、凹陷、断阶等。

一、浅部构造体系

浅部构造体系是指以小波多尺度分解 2 阶细节场为代表的构造体系,各局部构造单元具有轮廓清晰、重力异常分区突出等特征(图 4-4,表 4-1)。

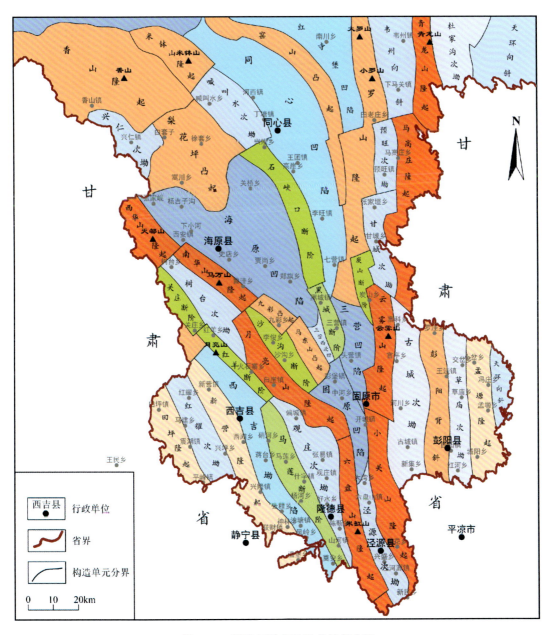

图 4-4 研究区浅部构造单元划分图

表 4-1 研究区浅部局部构造特征一览表

构造名称	构造特征 走向	构造特征 面积/km²	构造体系	地质概况	定性解释
田坪隆起	北西	393		第四系覆盖区，西32，西7，西30井位于其内	中元古界海原群变质岩系基底隆升所致
红耀次坳	北西	465		新生界覆盖区，钻遇西9，西14等5口钻孔	基底下沉，上覆巨厚新生界覆盖层
新营隆起		681		新生界覆盖区，分布西25, 2506-ZK1等4口钻孔	具有较大规模的磁性地质体
西吉坳陷		721		第四系覆盖区，自北向南分布9口钻孔	基底下沉，上覆密度值较小的新生界，存在埋藏较深的磁性地质体，为寻找金属矿的有利区
关庄断阶		191		北部为白垩系出露区，中、南部为第四系覆盖区，西侧为月亮西麓断裂	为密集的重力梯度带
红羊断阶		183			
马莲断阶		502			
树台次坳	北北西	427	北祁连海沟系	新生界覆盖区	基底下沉，上覆新生界所致
观庄次坳		625		大面积出露古近系和新近系，西侧控边断裂为月亮山南麓-六盘山西麓断裂，北段分布西17,西44,西18井	
西华山隆起		327		出露中元古界、志留系、泥盆系、白垩系及新生界，东侧为海原断裂，钻孔为ZK0081,ZK1,ZK0121	中元古界长城系的变质岩基底上隆所致
南华山隆起		287		出露中元古界、志留系、泥盆系、白垩系及新生界，东界为海原断裂，钻孔为1250-ZK3,1454-ZK32	
月亮山隆起		508		白垩系覆盖区，偶有中元古界海原岩群出露，东界为海原断裂，四口浅井分布其中	
六盘山隆起	近南北	504		白垩系覆盖区，两侧为海原断裂及牛首山-罗山断裂，北段钻遇QZK-401,501,101,LZK110-01	

第四章 弧形构造带盆-岭构造体系研究

续表 4-1

构造名称	走向	面积/km²	构造体系	地质概况	定性解释
香山隆起	北西西	1780		除零星分布志留系、石炭系外，覆盖大面积的奥陶系	由基底上隆所产生
米钵山隆起	近南北	403		出露泥盆系、石炭系、古近系及奥陶系，天景山断裂为东侧控边断裂	由基底上隆所产生
梨花坪凸起	近南北	1010		新生界覆盖区，分布 KDY－盘浅十八井、KDY－梨三井	
兴仁次坳	北北西	318		新生界覆盖区，KDY－盘浅十四井，KDY－盘浅二十八井，徐套 ZK01，陈 1 井，盘探 3 井位于其中	基底下坳，上覆巨厚中生界的沉降特征
喊叫水次坳	北北西	504		东北侧有小簇奥陶系、泥盆系及石炭系出露，其余为古近系覆盖区。1454－ZK19、ZK33、ZK27 位于西侧	具有高山深盆依的构造迹象，由基底下沉、上覆巨厚中生界、新生界所致
海原回陷		1965	腾格里增生楔	第四系覆盖区，西侧为海原断裂。中部钻遇 B-六盘山海参 1 井	基底埋深变浅
三营西次坳		70		新生界覆盖区	
石峡口断阶	北北西	503		新生界覆盖区，东侧为天景山断裂钻 3 井位于南段	由基底上隆所致
黑城断阶		183		第四系覆盖区，东边界为天景山断裂，钻 4 井位于北段	
沙沟断阶		285		出露白垩系及新生界，东侧为海原断裂，西侧为月亮山断裂，ZKV－2，ZKVI－1等 7 口钻孔	基底下沉所致，是寻找岩盐矿的有利区
九彩凸起	北西	134		新生界覆盖区，月亮山 ZK01，KDY－六盘山黑一井位于其内	由基底上隆引起
马东山凸起	北北西	199		白垩系及新生界覆盖区，两侧控边断裂 ZK II－1，KDY－盘浅二井	
固原回陷	近南北－北北西	380		第四系覆盖区，钻遇硝口 ZK203、ZK102 等十余口井	基底下降，上覆巨厚的白垩系及新生界所致，是岩盐矿的主要赋存区

续表 4-1

构造名称	走向	面积/km²	构造体系	地质概况	定性解释
泾源次凹	近南北	361		新生界覆盖区，夹持于海原断裂与牛首山-罗山-峤嵧山断裂之间	基底埋深较固原凹陷变浅
同心凹陷	近南北—北西	1896		新生界覆盖区，西侧为天景山断裂，北侧含宁矿D0027-LⅡ-ZK-4等三十余口钻孔。南端分布钻1、钻2井	基底下沉，上覆密度值较小的古生界石炭系，新生界所致，为宁夏南部重要的产煤、石膏区
三营凹陷	近南北	397		第四系覆盖区，东侧为牛首山-罗山-峤嵧山断裂，西侧亦有奥陶系出露。分布钻7、钻8、钻9井	基底埋藏较深，上覆地层厚度较大
窑山凸起	北西西—近南北	658	腾格里增生楔	大范围覆盖泥盆系、新生界，西侧亦有奥陶系出露，东侧为烟筒山-峤嵧山断裂	基底隆升幅度较低
红寺堡凹陷		740		第四系覆盖区，西侧为烟筒山-峤嵧山断裂	具有高山深盆的构造特征，基底下凹上覆密度值较小的古生界、南段具有寻找地热资源的潜力
罗山隆起		978		北段为大面积奥陶系覆盖区，南段除第四系外、白垩系及古近系近系外，东侧为罗山断裂	基底上隆幅度较大
炭山断阶		164		出露侏罗系、白垩系、二叠系及新生界	基底埋藏较浅区域
韦州向斜	近南北	566		除北部有石炭系、二叠系外，韦州煤矿位于其内，大部分为新生界，东侧为罗山-峤嵧山断裂，西侧为罗山断裂	基底埋深较浅，是南部重要的石炭系煤炭勘探区
预旺次凹		244		第四系覆盖区，东侧为牛首山-罗山-峤嵧山断裂	
甘城次凹		354		除甘城乡北部出露小簇侏罗系外，其余为新生界，东侧为牛首山-罗山-峤嵧山断裂	奥陶系基底下沉所引起

续表 4-1

构造名称	走向	面积/km²	构造体系	地质概况	定性解释
青龙山隆起		367		出露中元古界王全口组、寒武系、奥陶系，新生界覆盖层，西侧为牛首山-罗山-峒山断裂，1156-2钻，115ζ-3钻孔位于其内	基底隆升程度较高，上覆中生界被剥蚀，是南部主要的白云岩采矿区
马高庄隆起		574		除零星出露奥陶系外，大部分区域被第四系覆盖	为研究古脊梁埋藏最浅区
云雾山隆起		460		除出露侏罗系、白垩系、新生界外，云雾山地区存在小范围中元古界王全口组，北部分布钻5、钻6等9口井	为基底上隆所致
小关山隆起		592		白垩系覆盖区，南段钻遇1183-泾4及249ε-ZK5井	基底上隆所致，存在挥长石变质岩
杜家沟次凹		<73	鄂尔多斯地块西缘	南段零星出露奥陶系、侏罗系，东侧为车道-阿色浪断裂，钻遇惠2、摆10-9、KDY-炭井构造二号井等5口钻孔	基底下降，上覆中生界及新生界所致，为寻找侏罗系炸的远景区
古城次凹	近南北	860		东侧偶有白垩系出露外，为新生界覆盖区	基底下降，上覆中生界及新生界所致
彭阳背斜		540		新生界覆盖区，西侧为车道-阿色浪断裂，区内分布摆1-6、盐11等5口钻孔	基底隆升程度较高，上覆中生界，北部罗洼南-王洼低幅值区是鄂尔多斯西缘重要的储煤区
天环向斜		635		除中部出露白垩系、整体为第四系覆盖区，西边界为彭阳断裂，分布2602-ZK31-1，2564-ZK23-1等12口钻孔	基底埋深较浅
草庙次凹		495		新生界覆盖区背景上出露一小范围树权状白垩系，北部小含附近分布2602-ZK23-3钻孔	基底下降，上覆古生界及中生界所致，为宁夏南部富煤区的重要区域
孟塬隆起		567			基底隆升幅度不大

(一)北祁连海沟系构造体系

北祁连海沟系构造体系整体表现为与北北西向弧形断裂类似展布特征的一系列隆坳相伴的窄条状次级构造,自西向东依次分布田坪隆起、红耀次坳、新营隆起、西吉坳陷、关庄断阶、红羊断阶、马莲断阶、树台次坳、观庄次坳、西华山隆起、南华山隆起、月亮山隆起及六盘山隆起13个次级构造单元。

最西侧受控于平峰-震湖断裂(F_{IV}^1)的田坪隆起,面积约393km²,重力细节场上表现为幅值较低的高异常带,航磁异常小波2阶图上呈串珠状展布的中高异常特征,极值区位于北部田坪镇,为第四系覆盖区,位于隆起带内部的西32、西30等钻孔揭示,新生界覆盖层厚度在200～600m之间,具有向南抬升的迹象,下覆中元古界,偶有侵入岩体钻遇。推测此隆起由中元古界海原群变质岩系基底隆升所致;夹持于平峰-震湖断裂(F_{IV}^1)和联财-兴坪-红耀断裂(F_{IV}^2)之间的红耀次坳,面积约465km²,呈典型的北北西向条带状展布,内部分布3个极值区,极值中心位于次坳北端,除在红耀乡附近出露小范围新近系外,其余地区均被第四系覆盖。区内西9等5口钻孔分层数据揭示,以马莲乡为界,北部地区继承了西侧田坪隆起地层展布特征,中元古界直接覆盖于厚400～500m的新生界上,以南地区新生界减薄,厚200～300m,并于震湖镇东、平峰镇北等区域钻遇志留系,底部为中元古界。推测此坳陷由基底下沉、上覆巨厚的新生界覆盖层引起;东侧新营隆起,亦呈北北西向的窄条带状展布,相比较,延展距离较远,面积较大,约681km²,内部极值分布均匀,幅值相对不高,航磁图上表现为沿新营镇—兴隆镇一线分布的高磁异常条带,此航磁异常与重力异常具有较高的对应性,显示出该区具有较大规模的磁性地质体。南段西25、西4等3口钻孔表明,隆起区新生界覆盖层厚度锐减至10～100m,下部分布小于50m厚的岩体(未钻穿)。南端联财镇附近的2506-ZK1、2506-ZK2揭示,联财镇以西新生界直接覆盖于泥盆系之上,东侧下覆约300m石炭系(未钻底),表明联财镇东部隆升程度较高,上覆泥盆系等老地层剥蚀。

展布于西吉县—将台乡—奠安乡一线的西吉坳陷,北北西走向,呈不规则串珠状展布,面积为721km²,为北祁连海沟系内分布范围最广、重力低异常响应最显著的沉积中心。由北向南分布西吉、兴隆及凤岭3个极小值区,极值中心位于北部西吉县内,东、西两侧形态基本对称,梯度变化较大,是西吉坳陷两侧小规模断裂的体现。此坳陷为第四系覆盖区,并在将台乡—张程乡一线呈高磁异常特征,结合区域地质特征分析认为此坳陷区存在埋藏较深的磁性地质体。以位于该坳陷内的钻孔资料分析,该区中元古界上覆300～600m的新生界覆盖层,缺失古生界及中生界地层沉积。重要的是,该区中段西22井、西29井约300m处钻遇30m厚的侵入岩体,揭示了该区为寻找金属矿的有利区域。

受控于月亮山南麓-六盘山西麓断裂的关庄断阶、红羊断阶及马莲断阶,均为狭小的北北西向长条状展布。北部关庄断阶面积较小,约191km²,中部红羊断阶面积与北部相当,为183km²,相比较,南部马莲断阶规模最大,约502km²。此3处断阶除中部红羊断阶为密集的重力梯度带,其余两处以重力高异常区为主要表现。地表上,北部关庄—月亮山地区为白垩系出露区,中、南部除小范围出露古近系及新近系外,其余大部分为第四系覆盖区。

分布于树台乡—红羊乡一线的树台次坳,呈北北西向狭长条状展布,面积约427km²,极值中心位于次坳中心，东、西两侧受西华山-六盘山冲断带内部断裂树台西断裂（F_{IV}^{15}）和树台东断裂（F_{IV}^{16}）控制，两侧梯度变化较大，除树台乡南零星出露古近系及新近系外，其余地区为第四系覆盖区；南部观庄次坳，呈片状稍显低幅值的重力低异常，面积较大，约 $625km^2$，两侧梯度变化不大，极值点聚集于中部好水乡地区，反映出树台次坳为西吉盆地内新生界的沉积中心。位于坳陷北部的钻孔揭示，此区域沉积约 $500m$ 厚的新生界，下覆白垩系乃家河组，且大面积出露古近系和新近系。

排列于海原断裂（F_I^1）西侧的隆起区带，自北至南分布着西华山隆起、南华山隆起、月亮山隆起及六盘山隆起。北部西华山隆起延伸至树台乡北，距离较短，但具有一定的分布宽度，面积约 $327km^2$，存在一孤立的圆形高磁高重异常区，据位于隆起南部的 ZK0081 揭示，第四系厚 $15.6m$，下覆 $356.6m$ 厚的中元古界海原岩群，推测此隆起是由中元古界长城系变质岩基底上隆所致；相比较，南华山隆起则表现为一窄长条状重力高异常带逐渐向两侧收敛，面积较小，约 $287km^2$，且仅在曹洼乡西分布一范围较小的高磁异常区，1250-ZK3 揭示该区存在前寒武系，厚约 $378m$，未钻穿，上覆志留系旱峡组仅 $75m$，第四系薄层厚约 $6m$，推测此隆起区与北部西华山具有类似的特征；中部月亮山隆起呈北北西向近南北向转折，分布范围较广，面积为 $508km^2$，极值区聚集于北部火石寨乡附近，东侧梯度带密集，是区域性海原断裂的体现。对比发现，该区航磁异常呈现低幅值、较平缓的特征。分布于隆起区内的四口盘浅井揭示，上部不足 $300m$ 厚的新生界下覆巨厚的白垩系，其厚度由北至南逐渐增厚，最厚处超过 $1500m$，为大范围的白垩系覆盖区；最南端六盘山隆起演变为近南北向带状展布于米缸山四周，面积与中部相当，约 $504km^2$，极值区位于隆起区南段新民乡西，两侧表现为密集的等值线梯度带，是海原断裂（F_I^1）及牛首山-罗山-崆峒山断裂（F_I^2）向南延展并转为近东西向的构造特征。与北部 3 处隆起区不同的是，该区为大范围的负航磁异常显示，推测是由基底地层隆升所致，亦为白垩系覆盖区，4 口钻孔数据揭示，白垩系厚度变化较大，在 $150\sim1000m$ 之间。

（二）腾格里增生楔构造体系

腾格里增生楔构造体系是指夹持于海原断裂（F_I^1）与牛首山-罗山-崆峒山断裂（F_I^2）之间，呈北宽南窄的倒三角状分布的区域，以高山深盆的构造格架为主，规模较大的凹陷区两侧零星分布 7 处凸起区，整体表现为高低相间的山形格局。

西侧展布于海原断裂（F_I^1）与香山褶断带边界断裂天景山断裂（F_{III}^1）之间的区域以北高南低的构造格局为主。北部香山隆起呈北西西向大规模片状展布，面积较大，约 $1780km^2$，幅值集中于香山以南区域，表现为隆升幅度较大、范围较广的特征，西南侧梯度变化较大，是香山褶断带内部断裂——香山断裂（F_{IV}^{36}）的反映，地表上除零星分布志留系、石炭系外，还覆盖大面积的奥陶系，推测由基底上隆所产生；东侧米钵山隆起北西向延伸至喊叫水乡北，面积较小，约 $403km^2$，为北部主要的重力高异常带，幅值较高，最高区位于米钵山，东侧梯度密集展布，反映了天景山断裂（F_{III}^1）向北延伸至甘肃境内的构造形态，除在米钵山西侧及南侧出露小范围泥盆系、石炭系及古近系外，其余地区均为奥陶系覆盖区；紧邻香山隆起南段的梨花坪凸起，将东、西两侧的次级凹陷一分为二，呈近南北向不规则菱形展布，面积约

$1010km^2$,发育东、西两处圆形重力高异常区,极值中心位于徐套乡,两侧梯度带分散、稀疏,是香山褶断带内部白套子断裂(F_{IV}^{34})和喊叫水西断裂(F_{IV}^{38})的反映。地表上,以徐套乡为界,以南大面积出露新近系、古近系,北部为第四系覆盖区。深部,位于北部的KDY-盘浅十八井揭示,寒武系上覆150m厚的白垩系,上部新生界厚约350m,推测此凸起是以基底顶部上隆为主导因素,构造起伏可能会使上覆的三叠系、侏罗系沉积层抬升甚至剥蚀;紧靠香山隆起南端的兴仁次坳,呈北北西向不规则心形展布,面积约$318km^2$,重力异常具有分布范围较大、幅值较低的局部凹陷的构造特征,为新生界覆盖区,凹陷内部的5口钻孔表明,新生界下覆约500~1000m的白垩系,底部侏罗系厚度可达1000m以上,推测为基底下沉上覆巨厚的中生界的沉降特征;相比较,喊叫水次坳具有与兴仁次坳相似的重力异常响应,异常幅值较低,呈北北西向长条状分布,面积为$504km^2$,西侧表现为重力梯度密集带,反映出香山褶断带内部喊叫水西侧断裂(F_{IV}^{38})较东侧断裂(F_{IV}^{39})陡立的构造面貌。除东北侧有一小簇奥陶系、泥盆系及石炭系出露外,大部分为古近系覆盖区。西侧的3口钻孔仅钻遇500m厚的古近系,未钻穿。

中部包含张家岘、关桥乡、海原县、贾尚乡、郑旗乡等地区的海原凹陷,表现为北北西向倒三角状低异常区,规模巨大,面积为$1965km^2$,其南侧以黑城为界线,北侧关桥低异常区独立展布,西北侧张家岘、西安镇地区与海原低异常连为一体,中间所夹持的局部高异常区为徐套凸起的南延。凹陷中心位于南段以曹洼、贾瑙、郑旗所围限的片状低异常区,3个局部极值区组成了海原凹陷重力异常的整体响应。东西向梯度变化不均一,西侧等值线密集,是海原断裂(F_I^1)的展布规模的体现。位于关桥乡南的B-六盘山海参1井揭示,新生界厚约1500m,下覆巨厚的白垩系,厚约3700m,底部侏罗系厚800m,未钻穿,表面为第四系覆盖区,证实了此凹陷具有高山深盆的构造迹象,为腾格里增生楔内重要的沉积-沉降区,推测由基底下沉上覆巨厚的中生界、新生界所致;末端海原凹陷逐步封闭发育三营西次坳,规模极小,面积仅为$70km^2$,无极小值区,反映出海原凹陷向南地层逐步抬升,基底埋深变浅的构造格局;东侧窄长条状展布的石峡口断阶、黑城断阶将增生楔内两大面积凹陷一分为二,北部的石峡口断裂呈北北西向等轴状展布,面积较大,为$503km^2$,极值区位于南端黑城镇北,两侧密集的梯度带是关桥东断裂(F_{IV}^{31})和天景山断裂(F_{III}^1)的反映;相比较,南段的黑城断阶规模变小,异常平缓,无极大值点,反映了此断阶带向南面积变小、基底变深的构造变化。

此外,与月亮山隆起相邻分布的沙沟断阶,展布于李俊—沙沟一线,面积为$285km^2$,为窄长条的重力梯度带,异常平缓,无极值区,两侧为海原断裂及沙沟断裂(F_{IV}^{21}),为新近系覆盖区,钻孔资料显示新生界下覆厚度较大的白垩系,是寻找岩盐矿的有利区域;东侧九彩凸起与马东山凸起具有类似构造特征,面积相当。相比较,马东山凸起异常形态完整,分布范围清晰,隆升程度更高,基底埋深较浅,为白垩系覆盖区。

南部与海原凹陷展布特征类似的固原凹陷为六盘山盆地另一处重要的组成部分,为近南北—北北西向的长轴展布形态,向南封闭于开城一线,北部结束于彭堡镇一带,面积为$380km^2$,沉积中心位于北段固原市北,西侧密集的梯度带为北祁连早古生代造山带边界断裂海原断裂(F_I^1)南段的构造形态,东侧异常完整,无梯度带显示,表明天景山断裂(F_{III}^1)向南规模逐步变小,并于固原市附近归并于牛首山-罗山-崆峒山断裂(F_I^2),为第四系覆盖区,推测由基底下降、上覆巨厚的白垩系及新生界地层所致,是宁夏南部岩盐矿的主要赋存区;南端夹持于六盘山与小关山之间的泾源次坳,具有与固原凹陷类似的构造特征,北端起始于大湾乡,南端结束于宁夏省界新民乡境内,面积为361km²,极值中心位于泾源县,相较于北部固原凹陷,基底埋深变浅,两侧等值线密集分布,西侧梯度大于东侧,表明两大构造单元边界断裂海原断裂(F_I^1)规模明显大于牛首山-罗山-崆峒山断裂(F_I^2),为新生界覆盖区。

夹持于天景山断裂与烟筒山-窑山断裂(F_{III}^2)之间的构造以大范围凹陷为主,弧形展布特征更加显著。具体地,沿河西镇—同心具—李旺镇—七营镇一线分布的同心凹陷,呈近南北—北西向北宽南窄的串珠状展布,面积较大,约1896km²,具有分布宽缓、范围较大、幅值较低的特征,反映出同心凹陷深度浅但范围较广的特征。相比较,西侧等值线更加密集,是香山褶断带边界断裂天景山断裂(F_{III}^1)北段的构造特征。除西北侧出露小面积古近系、新近系外,大部分为第四系覆盖区。同心县以北的30余口钻孔揭示,较薄的新生界(小于200m)直接覆盖于古生界石炭系、二叠系之上,南端的钻1、钻2两口钻孔表明,新生界厚度可达800m之上(未钻穿),证实了此凹陷具有北浅南深的"斜坡"式构造格架。推测为基底下沉,上覆密度值较小的古生界石炭系、新生界所致,为宁夏南部地区重要的产煤、石膏矿区;相比较,南段的三营凹陷为近南北向的长轴椭圆状展布形态,面积变小,为397km²,东、西两侧近似对称发育,其内的三营、头营位于同一异常区,凹陷最深处位于头营镇北,东侧梯度变化较大,是牛首山-罗山-崆峒山断裂(F_I^2)在固原地区的反映,为第四系覆盖区。

分布于烟筒山—窑山一带东侧的窑山凸起,呈明显的窄长条状弧形展布特征,面积约658km²。于烟筒山、窑山地区分布着两个极值区,但凸起绝对幅值不高,反映出该局部凸起的隆升幅度相对较低,并向南逐步靠拢于罗山凸起,东侧梯度变化较大,证明烟筒山-窑山断裂(F_{III}^2)北段产状陡立的构造特征。地表上,除大范围覆盖泥盆系、古近系及新近系外,西侧亦有古生界奥陶系、石炭系及二叠系出露。

受控于边界断裂烟筒山-窑山断裂与罗山断裂(F_{III}^3)之间的部分以高山隆起为主导,北部局部凹陷夹持于两山之间。总体分析,北部红寺堡凹陷呈近南北向"漏斗"形展布,与窑山凸起及罗山隆起相邻展布,具有明显的高山深盆构造迹象,规模较大,面积约740km²,极值区位于南、北两端南川乡北及田老庄乡西,两侧梯度变化均匀,是烟筒山-窑山断裂(F_{III}^2)和罗山冲断带内部罗山西麓断裂(F_{IV}^{51})的体现,为第四系覆盖区,推测此凹陷为基底下坳、上覆密度值较小的古生界和新生界所致;展布于大罗山—小罗山一线的罗山隆起,近南北向串珠状延伸至三营镇北,面积为978km²,高异常中心位于大罗山、小罗山、田老庄南、李旺东,且从北至南异常幅值逐步降低,较高的幅值显示了罗山隆升的高度较大,东侧密集的梯度带是冲断带边界断裂罗山断裂(F_{III}^3)的表现,地表上北段罗山地区为大面积奥陶系覆盖区,南段零星出露侏罗系、白垩系及古近系,其余为第四系覆盖区,地热地质调查结果显示,位于隆起南段的甘城乡双井村出露白垩系地热温泉,预示着此隆起南段具有寻找地热资源的潜力;紧挨罗山隆起南端的炭山断阶,为狭小的近南北向锥形展布,面积164km²,为密集的重力梯度带,两侧为罗山断裂(F_{III}^3)和甘城西逆冲断裂(F_{IV}^{53})。

东侧以罗山断裂和牛首山-罗山-崆峒山断裂(F_I^2)为边界的区域以鄂尔多斯挤压应力作用为主,近南北向展布的构造特征更加显著,从北至南分布着3处性质类似、规模相当的次级坳陷。北部夹持于罗山隆起与青龙山隆起"鞍部"的韦州向斜，面积约 $566km^2$，异常相对平缓，无极小值点，反映了该向斜面积小、深度浅的展布特征，东侧梯度较大，等值线密集，并证实了阿拉善微陆块与鄂尔多斯地块的分界断裂牛首山-罗山-崆峒山断裂（$F_Ⅰ^2$）倾角较大、产状陡立的构造特征。位于向斜内的韦州煤矿钻孔资料揭示，约 $200\sim400m$ 厚的新生界直接覆盖于古生界石炭系—二叠系之上，地表除北部零星出露石炭系、二叠系外，大部分被新生界覆盖；中部预旺次坳呈等轴状展布，规模较小，面积仅为 $244km^2$，相较于北部向斜，幅值较大，极值中心位于中部马高庄西，是炭山以北地区的沉积—沉降中心，两侧等值线密集分布，是牛首山-罗山-崆峒山断裂及韦州褶断带内部小规模马高庄东1号断裂（$F_Ⅳ^{74}$）在该处的反映，亦为第四系覆盖区，推测由奥陶系褶皱基底下坳引起；南段的甘城次坳以南、北两个孤立的重力低异常区为重要组成部分，面积为 $354km^2$，极值中心位于南端甘城乡以南地区，两侧等值线分布不均匀，东侧梯度变化大，亦是牛首山-罗山-崆峒山断裂（$F_Ⅰ^2$）作为边界断裂的依据，除甘城乡北部出露一小簇侏罗系外，其余区域为新生界覆盖区。

（三）鄂尔多斯地块西缘构造体系

鄂尔多斯地块西缘构造体系是指牛首山-罗山-崆峒山断裂（$F_Ⅰ^2$）以东，以南北向展布为主的一系列窄长条状隆坳相间的次级构造区带分布显示出研究区东部的构造样貌。

紧挨牛首山-罗山-崆峒山断裂的隆起带异常幅值明显高于其他区域，反映出该区深部高密度地层的隆升状态，且各隆起区异常条带断续分布，从北至南呈左行错阶排列，其中炭山、开城地区错阶特征最为显著，推断各隆起带之间被东西向断裂分割。具体地，青龙山隆起以南、北两处独立发育的凸起为主，面积 $367km^2$，东侧变化较大的梯度带是青龙山断裂（$F_Ⅳ^{78}$）的体现，地表上出露中元古界王全口组、寒武系、奥陶系、新生界覆盖区，深部小于 $200m$ 的新生界直接覆盖于奥陶系之上，说明此区域隆升程度较高，上覆中生界地层被剥蚀，是南部主要的白云岩采矿区；马高庄隆起表现为等轴状长条展布，面积 $574km^2$，为连续分布的高异常带，中部马高庄南为埋藏最浅区，东侧稀疏的梯度带是韦州褶断带内部小规模马高庄东3号断裂（$F_Ⅳ^{76}$）的构造形态，除零星出露奥陶系外，大部分区域被第四系覆盖；展布于炭山乡—云雾山—固原市东一带的云雾山隆起，面积约 $460km^2$，整体呈北高南低的铲型分布，极值中心位于北段云雾山地区，东侧平缓的重力梯级带表明彭阳褶断带内部云雾山断裂（$F_Ⅳ^{64}$）倾角较小、产状平缓。地表上，除出露侏罗系、白垩系、新生界外，云雾山地区存在小范围中元古界王全口组。深部位于云雾山北段的钻孔资料揭示，新生界下覆侏罗系，底部为中元古界；南段小关山隆起与西侧次级构造平行展布，北端起始于开城镇，南端倾末于新民乡，面积为 $592km^2$，极值中心位于北段开城镇—大湾乡，东侧密集的梯度带说明开城东断裂（$F_Ⅳ^{61}$）是彭阳褶断带内部规模较大的次级断裂，为白垩系覆盖区。南段1183-泾4钻孔表明，第四系厚仅为 $3m$，下覆约 $600m$ 厚的白垩系地层，位于新民乡附近的2496-ZK5揭示，此处存在辉长岩变质岩。

夹持于隆起带与车道-阿色浪断裂（$F_Ⅱ^3$）之间的区域，以异常平缓展布的次坳为主体，东侧分布重力高异常带彭阳背斜。其中北部杜家沟次坳与青龙山隆起相邻展布，为该区北部重要的盆-岭构造体系，面积为 $473km^2$，整体表现为大范围的片状低异常背景上西侧垂直分布两处似椭圆状局部重力低,极值中心位于西南侧,东侧梯度平缓是车道-阿色浪断裂向南规模逐步变小的体现,为新生界覆盖区。5口钻孔资料揭示,新生界覆盖层下覆沉积厚度较大的中生界侏罗系及三叠系,证实了该区可作为寻找侏罗系煤的远景区;南段位于寨科乡—古城镇—新集乡一线的古城次坳呈宽缓片状展布,南北向延伸较远,规模较大,面积约 $860km^2$,沉积中心位于古城镇—新集乡一线,东、西两侧重力梯级带是开城东断裂(F_{IV}^{61})和新集-交岔断裂(F_{IV}^{65})的反映,东侧偶有白垩系出露,为新生界覆盖区;东侧紧靠彭阳断裂(F_{II}^{2})沿罗洼乡—彭阳县分布的彭阳背斜,呈长轴串珠状展布,面积约 $540km^2$,具有幅值高、连续性强、边界清晰的特征,区内分布的3处不规则长轴状重力高值区反映出彭阳背斜的基底隆升形态,为南北高、中部低的"鞍部"特征,最高处位于南段彭阳县西,东侧密集的重力梯度带反映了车道-阿色浪断裂消失,彭阳褶断带与天环向斜的边界彭阳断裂(F_{II}^{2})西移继承性发展的特征。浅部除新生界外,其余地层出露范围较小,但类型较齐全,依次为白垩系、侏罗系、奥陶系、寒武系及中元古界王全口组地层,深部钻孔数据集中于北段罗洼地区,北端 1359-102 井、1359-104 井表明,新生界较薄,小于 100m,下部二叠系厚度在 $200\sim500m$ 之间(未钻穿),往南 8 口钻孔揭示,新生界下覆夹一厚度小于 50m 的白垩系,侏罗系厚度变化较大,为 $100\sim500m$,除东侧 1259-47 井钻遇 11m 厚的三叠系外(未钻底),其余钻孔揭示,侏罗系直接覆盖于奥陶系基底之上,推测罗洼—王洼地区是鄂尔多斯西缘侏罗系煤层的赋存区带。

车道-阿色浪断裂东侧以天环向斜构造特征为主,整体为分布广泛、幅值平缓的重力低背景,仅在南段发育一隆起区。细节上,北段天环向斜呈宽缓的片状展布,受省界范围限制,区内的重力异常展布不完整,面积约 $635km^2$,无极值区,说明此区域基底埋深较浅,是天环向斜西斜坡的构造特征。区内的 5 口钻孔揭示,底部三叠系呈现西薄东厚的特征,最东侧厚约 670m(未打穿),上部侏罗系沉积稳定,厚度均匀,$900\sim1100m$,上覆巨厚的白垩系,厚度在 $960\sim1400m$ 之间,各套沉积厚度相当的中生界具备典型的克拉通盆地特征,顶部覆盖厚度极薄的新生界(小于 100m);南段构造呈现典型的"一隆两坳"的近南北向构造特征,西侧草庙次坳重力低异常区平缓展布,面积 $495km^2$,两处似椭圆状沉积中心位于草庙乡南及红河乡,西侧梯度变化较大,反映了天环向斜边界向西扩展,车道-阿色浪断裂终止于小岔北部。彭阳断裂(F_{II}^{2})发育的特征为除中部出露窄长条白垩系外,整体为第四系覆盖区,位于草庙乡附近的钻孔显示,该区可作为宁夏南部富煤区的重要区域;中部孟塬隆起呈上隆的"脊部",北部起始于小岔乡,向南封闭于城阳乡一带,面积 $567km^2$,分布窄缓、幅值较低,反映出此隆起区隆升幅度不大,与东侧的天环向斜重力异常响应较为相似,两侧等值线变化不大,说明天环向斜内部红河-草庙断裂(F_{IV}^{66})和孟塬-冯庄断裂(F_{IV}^{67})规模较小,沿季节性河流冲沟底部见有小范围树杈状白垩系砂岩出露。

二、中深部构造体系

中深部构造体系是指以小波多尺度分解 3 阶细节场为代表的构造体系,各局部构造单元继承了浅部构造的整体分布特征,且各局部构造范围有所变化,随着深度进一步增大,小范围、低幅值的局部构造逐次消失或合并,反映出中深部构造形态较为简单(图 4-5)。

宁夏南部弧形构造带构造体系与演化

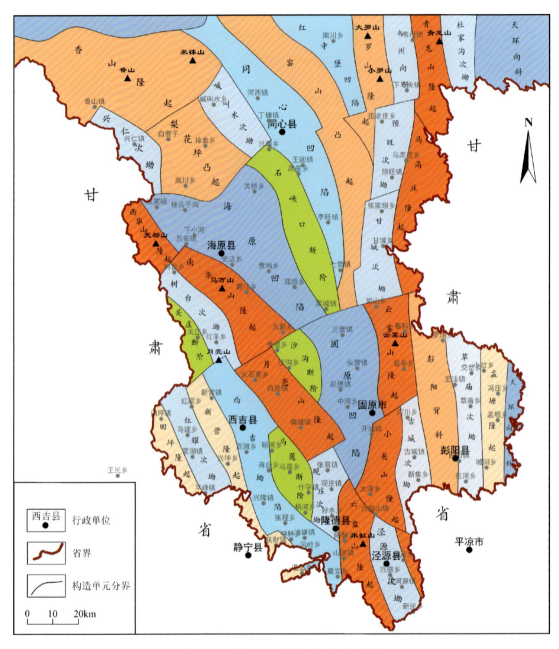

图 4-5 研究区中深部构造单元划分图

(一)北祁连海沟系构造体系

北祁连海沟系构造体系与浅部北北西向弧形展布的长条状次级构造形态一致,仅是各局部构造分布范围变化较大,自西向东依次为田坪隆起、红耀次坳、新营隆起、西吉坳陷、关庄断阶、马莲断阶、树台次坳、观庄次坳、西华山隆起、南华山隆起、月亮山隆起及六盘山隆起

12个次级构造单元。

最西侧的田坪隆起，向西逐步聚拢，面积变小，为260km^2，相较于浅部，幅值增大，极值区集中于甘肃省内，为第四系覆盖区，推测中深部基底隆升且未有新生界覆盖；以东红耀次坳面积不变，为469km^2，条带状极值区分布特征逐次消失演变为低幅值梯度带，为新生界覆盖区。东侧的新营隆起面积变小，约515km^2，中深部整体北北西向窄条带展布的重力及航磁异常消失殆尽，北段新营镇重力极值区幅度减弱，形成了一低幅度的重力梯度带，体现了中深部局部构造地层界面的起伏形态相对平缓。

分布于新营、西吉、兴隆、张程、沙塘、奠安等地区的西吉坳陷，向西扩展至新营镇—神林乡一线，面积陡增为1174km^2，中部兴隆次坳变窄且幅值相对较高，南、北两侧西吉-将台、沙塘-凤岭低异常区以椭圆状展布，呈现出南、北两侧沉陷较深，中部呈上隆的"脊部"特征，航磁异常则表现为南段将台、马莲、兴隆地区片状规模陡然变大，分布范围扩展至由兴坪、西滩、什字、张程等地围限的圆形区域，推测深部大面积分布的航磁异常则是区域性磁性地层大范围上隆或深部侵入岩体的分布特征。

对比发现，中深部关庄断阶整体东移，南端延伸至月亮山西，面积变为215km^2，形成以关庄为隆起最高区，向南、北两侧逐步下沉的"脊部"构造；浅部的红羊断阶以月亮山为界，北段同树台次坳合并为一，南段被西吉坳陷吸收；南段马莲断阶，规模变小，向南收缩于杨河乡，面积为370km^2。

断阶带东侧树台次坳，狭长条状特征消失，锥状特征更加凸显，并将东、西两侧关庄断阶与月亮山隆起一分为二，面积为442km^2，反映出该区中深部地层分布变化不大，构造稳定；与浅部不同的是，南部观庄次坳，将月亮山隆起与六盘山隆起分隔，形成月亮山-六盘山隆起带的"鞍部"构造。其北端收缩于张易镇，向南封闭于隆德县，面积锐减为340km^2，且两处串珠状重力低异常区合为一处，呈具有一定规模的片状展布，异常幅值分布均匀，体现了此凹陷中深部地层界面的起伏形态相对平缓的特征。

受控于海原断裂（F_1^1）的隆起区带，自北向南隆起带延展范围稍有变化。北段西华山隆起同浅部范围相当，天都山高磁高重极值中心转为北北东向，并向北扩展与甘肃连为一片，极大值西移至位于天都山西，体现了西华山的长城系变质岩受挤压推覆而隆升的状态，推测此隆起区深部宽缓、浅部狭长；中部南华山隆起和月亮山隆起隆升范围扩大，增至750km^{2}之上，两孤立的窄长条状重力高异常区合并为具有一定规模的宽缓带状展布，高异常区重力异常分布均匀，其中月亮山隆起向南逐步吸纳马莲高异常区，体现了中深部西华山至月亮山地区的长城系变质岩受挤压推覆而隆升的状态，极大值区位于火石寨北部区域，即是隆升幅度最高区域。且以曹洼乡为核心区分布的南华山、月亮山航磁异常带具有一定的规模，表明中深部区域性磁性地层大范围上隆或深部侵入岩体的分布特征；南段六盘山隆起北端南移至观庄东，面积变化不大，但两处极值区合二为一，组成一片状展布的重力异常高值区，且极值区域均匀分布，并于六盘山镇以南同东侧小关山隆起南段呈树权状展布。

（二）腾格里增生楔构造体系

腾格里增生楔构造体系以固原市大湾乡为界，北部以凸凹相间的盆-山构造体系为主，中深部各构造继承了浅部发育特征，仅是规模小、低幅值的局部构造合为一处，形成一定展布规模的重力异常区。以南浅部平行展布的两条分区断裂在中深部形成显著的相交关系，使腾格里增生楔构造终止于固原凹陷。

受控于海原断裂（F_I^1）与天景山断裂（F_{III}^1）的构造由浅至深未发生明显的变化，东侧天景山断裂延伸距离变短，终止于黑城镇。具体地，北部香山隆起与米钵山隆起合并为一，形成以香山、米钵山为极值中心的倒三角状，面积合为 2048 km^2，幅值增大，体现了基底顶界面的隆升形态；南部梨花坪凸起分布范围与浅部一致，仅是吸纳白套子高异常后将浅部 3 处极值区合并呈圆形展布；两侧相伴分布着兴仁次坳与喊叫水次坳。范围上，与浅部保持一致。形态上，西侧兴仁次坳南、北两处极值区合并为规则的圆形展布，东侧喊叫水次坳形成了以喊叫水—兴隆—河西围限的北北西向椭圆状。幅值上，西侧兴仁次坳表现为较大的极值中心，反映出兴仁次坳基底埋深较大，而喊叫水次坳基底埋深相对较浅。

中部以张家岘、关桥乡、黑城镇围限的海原凹陷北北西向倒三角状异常区范围不变，相较于浅部，3 处极值区变化较大，其中西侧张家岘异常区均匀分布，无极值区，北端关桥次坳及南段贾塬极值区连为一体，表现为明显的带状异常，反映出中深部东侧关桥-贾塬极值区基底埋深较大，西北侧张家岘异常区基底埋藏较浅；东侧展布于兴隆乡—高崖乡—黑城镇一带的石峡口断阶，南端封闭于黑城镇，吸收了浅部黑城断阶，面积陡增为 780 km^2，整体表现为分布宽缓、范围较大、幅值较低的特征，反映出中深部构造形态较为简单；此外，分布于月亮山隆起东侧的沙沟断阶，面积不变，但密集的重力梯度带整体东移，反映出海原断裂（F_I^1）随着深度增加逐次东移的展布特征。

固原凹陷作为南部腾格里增生楔重要的沉积中心，与海原凹陷展布特征类似，近南北向的等轴状椭圆展布轮廓更加显著，同时吸纳了浅部黑城断阶南段、三营西次坳、马东山凸起及三营凹陷的异常区，面积扩展至 1218 km^2，东、西两侧对称发育，其内的三营、彭堡、中河位于同一深度区，最深处位于头营。南端清晰的反映了中深部牛首山-罗山-崆峒山断裂（F_I^2）于观庄镇东附近明显左行错断，并同海原断裂（F_I^1）呈"X"形相交展布的格局。

分布于天景山断裂与烟筒山-窑山断裂（F_{III}^2）之间的同心凹陷与窑山凸起为典型的盆-山构造体系。西侧同心凹陷面积缩为 1422 km^2，重力异常分布较为平缓，于李旺、七营一带西侧区域，依附海原凹陷展布的一处北北西向长轴椭圆状重力高异常区，幅值不高，反映出该凹陷中深部具有"北深南浅"的构造格架，且南段基底埋深相对较浅；东侧夹持于河西、王团与南川、田老庄之间的窑山凸起，较大的变化形态凸显出烟筒山-窑山断裂的展布，其南端向东摆动归并于罗山断裂（F_{III}^3），且吸纳了浅部李旺—七营东侧串珠状低幅值局部异常，致使分布范围扩增至 1504 km^2，南、北两段孤立分布着两处幅值较大的高异常区，是烟筒山与窑山极值区在深部的独立展布特征，可以看出，两山基底隆升幅度相当。

烟筒山-窑山断裂以东的红寺堡凹陷夹持于两山之间，是典型的高山深盆构造体系，面积缩为 590 km^2，浅部两处极值区消失，转为极值均匀分布的平缓区，体现了中深部构造简单、基底顶面起伏较小的特征；紧邻红寺堡凹陷的罗山隆起，南端倾末于预旺镇北，面积缩为 550 km^2。形态变化较大，北段大罗山-小罗山串珠状高异常区合并为一，构成此隆起区隆升幅度最高区域，南段田老庄南极值区亦保留了浅部极值区的特征。

以罗山断裂和牛首山-罗山-崆峒山断裂为边界的3处凹陷继承了浅部分布特征,具体地,北部韦州向斜呈片状展布,并将东、西两侧隆起区一分为二,分布范围逐步聚拢,面积为357 km²,平面上,异常继承了浅部平缓分布的格局,证明此向斜具有基底埋深较浅的特征;中部预旺次坳等轴状展布的特征未发生变化,但较于浅部,规模增大,面积扩至459 km²,东侧密集梯度带轮廓更加清晰,说明牛首山-罗山-崆峒山断裂中深部特征显著,倾角陡立;南段甘城次坳向西扩增,使面积达到550 km²,浅部南、北两处带状展布的重力低异常区演变为低幅值、宽范围、较平缓的片状展布,推测此坳陷基底埋深相对较浅,且具有深部宽缓、浅部狭长的特征。

此外,增生楔南端的泾源次坳,相较于浅部,范围略有变化,北端南延起始于六盘山镇,南端终止于新民乡,面积为442 km²,以泾源—兴盛—泾河源一线展布的沉降中心消失,变为无极值中心的平缓区,说明此坳陷具有基底埋深浅、地层起伏小、覆盖层厚度大的特征。

(三)鄂尔多斯地块西缘构造体系

相比较,中深部继承了浅部隆坳相间的盆山构造体系,除中部云雾山隆起、小关山隆起及古城次坳形态变化较大外,其余次级构造分布形态及范围几无变化。

具体地,北段青龙山隆起两处孤立的凸起合二为一,呈范围较大、幅值均匀的片状展布,并向西扩展至韦州镇,面积变为507 km²,反映出该隆起区中深部基底顶界面起伏形态相对平缓,构造稳定;马高庄隆起仍保留浅部长条状展布特征,面积无变化。其西侧具有幅值均匀、边界清晰的特征,反映出牛首山-罗山-崆峒山断裂中深部展布特征。相比较,鄂尔多斯地块由北至南缩减为北、中两个极值区,为鄂尔多斯西缘构造体系中基底隆升最高区。分布于炭山乡以南的云雾山隆起整体东移至寨科乡-官亭乡东侧,面积增大至592 km²。铲形特征消失为幅值均匀分布的梯度带,极值区东偏至云雾山东侧,反映出此隆起区中深部地层界面起伏不大;紧邻云雾山隆起南端的小关山隆起,以六盘山镇为界,北端起始于开城镇,中段与六盘山隆起相邻展布,南段向东逐渐收缩为一狭长条带,面积与浅部相当,为628 km²。中段两处极值区合并呈不规则圆形展布。相较于浅部,整体异常形态变化较大。

隆起带东侧以异常平缓、幅值均匀分布为主要特征,其中北部杜家沟次坳向西收缩,面积锐减为341 km²,浅部两处局部重力低消失,整体表现为幅值均匀的低异常区;南段古城次坳变化较大,北端起始于河川乡,南端倾末于新集乡,中深部被东、西两侧高异常区所吸纳,整体呈以古城镇、新集县所围限的豌豆状展布,规模较小,面积缩至402 km²,中深部仍以古城镇—新集乡一线为沉积中心,表明此处基底沉陷较深;东侧彭阳背斜向西逐步扩增,面积为834 km²,串珠状展布特征演变为高异常区东侧梯度带,幅值较高且均匀展布,体现了此背斜区中深部基底的隆升形态,即基底顶界面隆升较高、上覆沉积地层厚度变化较大的特征。

此外,车道-阿色浪断裂东侧北段以天环向斜为主要构造,为展布平缓的重力低异常区,南北走向,面积增为774 km²,表明中深部天环向斜边界向西扩展,且基底埋深相对较浅;南段继承了浅部"一隆两坳"的构造格局,西侧草庙次坳向东延展至小岔—城阳乡附近,面积为609 km²。整体为幅值平缓的重力低,无沉积中心区;相邻展布的孟塬隆起面积为488 km²,分布平缓、幅值较低的重力异常区,无极值区,反映出此隆起区基底隆升程度不高,浅部孟塬—

城阳一线次级凸起由上覆沉积层所致。

三、深部构造体系

深部构造体系是指以重力4阶细节场为代表的构造格局，小范围、低幅值类型的局部构造消失殆尽，仅存在幅值较大、边界清晰的主要构造单元(图4-6)。

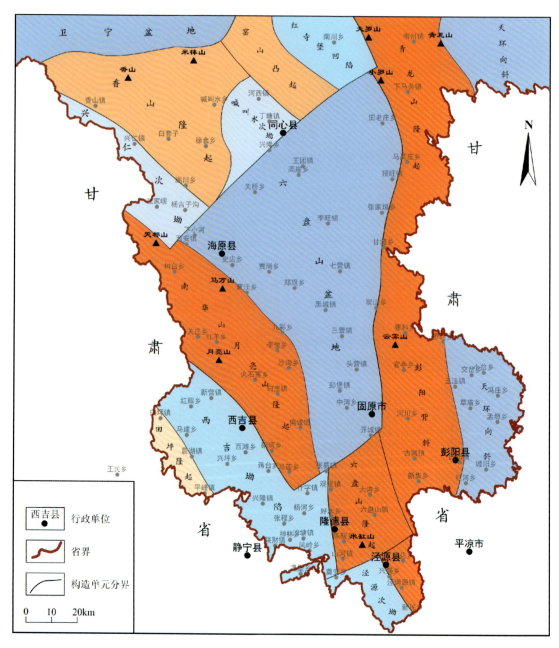

图4-6　研究区深部构造单元划分图

（一）北祁连海沟系构造体系

北祁连海沟系构造体系为北北西向弧形展布宽泛的局部构造，自西向东依次为田坪隆起、西吉坳陷及南华山月亮山隆起3个次级构造单元。

最西侧的田坪隆起，为椭圆状重力高异常区的东侧梯度带，面积为318km²。相较于中深部，异常形态更加规则，隆升中心位于甘肃省境内；中部西吉坳陷向东、西两侧扩展并吸纳了浅部的红耀次坳、新营隆起、西吉坳陷、马莲断阶及观庄次坳的西侧部分，呈心形展布的宽缓重力低异常区，面积变为2907km²，极小值点分布于南段张程、神林、联财围限的区域，为西吉坳陷深部区域的沉积中心。相较于中浅部，西吉坳陷的沉积中心有明显的偏移，反映出北段以西吉县为中心的沉降区是由上部密度值较小的沉积层所致。航磁上，西吉南部的将台、兴隆椭圆状展布形态体现了其深源异常特征，深部具有一定规模的侵入体可能是引起该航磁异常的根本因素；东侧南华山月亮上隆起以西华山、南华山、月亮山高异常带为中心，合并了西侧的关庄断阶、树台次坳、马莲次坳及东侧沙沟断阶，呈一形态规则完整的宽泛长条状展布，面积为2718km²，重力高异常区范围由偏城一带收缩至白崖地区，异常区的极值中心向西北偏移至红羊乡附近，体现出月亮山东北区域为南华山月亮山隆起带基底隆升最高地区。航磁上，北端树台西北地区留有小范围的异常迹象，主体部分已收缩至甘肃的屈吴山一带，反映出南西华山地区的磁性地质体为远源推覆而成。南段以关庄—红羊—新营—红耀围限的圆形异常体和高重力区稍有偏差，反映出南华山—月亮山地区航磁异常源于深部区域性磁性地层上隆或侵入岩体分布。

（二）腾格里增生楔构造体系

腾格里增生楔构造体系以梨花坪-同心断裂为界，北部控制各局部构造单元的边界断裂条数锐减，且均终止于西安镇—兴隆乡—同心县一带，且隆坳相间的盆岭构造格局未发生显著变化。中南部为规模较大、幅值较低的六盘山盆地，南段则是六盘山隆起和泾源次坳的展布特征。

具体地，北部香山隆起吸收了中浅部梨花坪凸起及同心凹陷北段区域，与窑山凸起相邻展布，形成以香山—米钵山一带为极值中心的倒三角状，面积增为2588km²，幅值范围低于西侧的南华山地区，说明香山隆起的深部基底普遍埋深较大，南段高异常区相较于中深部范围缩小至白套子以北，反映出此区域基底上部覆盖密度值较大的沉积地层；西侧的兴仁次坳规则圆形展布特征未发生变化，面积为734km²；东侧喊叫水次坳椭圆状异常区逐步消失演化为过渡带，面积为666km²，进一步证实喊叫水次坳基底埋深浅于兴仁次坳；展布于河西—同心一线东侧的窑山凸起，对比发现，仅留存了中深部北段区域，面积减为809km²，整体表现为范围较大、幅值平缓的重力异常过渡带，体现了该凸起区隆升幅度相对较低，且南、北两处孤立分布的极大值区相继消失，反映出烟筒山与窑山上部沉积密度值较大的地层；东侧红寺堡凹陷高山深盆的构造格局逐步消失，向西延展至大罗山—小罗山一带，面积增至738km²。除南川乡北仍存有沉降中心迹象外，其余为幅值均匀分布的平缓区，反映出此凹陷区基底埋深相对较浅的特征。

中部以海原—同心—固原围限的六盘山盆地为研究区内分布最稳定、范围最广的区域之一,亦为增生楔内的沉积-沉降中心。相较于中深部,其北边界进一步扩展至兴隆、王团、李旺、七营一带,构成了完整的盆地轮廓,是中深部海原凹陷、石峡口断阶、同心凹陷、窑山凸起南段、预旺次坳、甘城次坳及固原凹陷的整合,面积为 6453km²,其东、西两侧边界逐步向西移动,体现了海原断裂和牛首山-罗山-崆峒山断裂两条控边断裂随着深度的增大逐步向西靠拢的特征。其中贾尚、预旺、头营 3 处极值区逐步收缩合并形成以黑城为极值中心的东、西两侧对称发育的大规模片状构造,反映出深部盆地东侧基底埋深相对较浅,西侧靠近海原断裂的区域埋深较大,亦证实了高山深盆的构造特征。

此外,深部受控于海原断裂和牛首山-罗山-崆峒山断裂的六盘山隆起形态上变化较大,其北端起始于张易—开城一线,南端止于泾源以北,西侧扩展至张易—观庄—隆德一带,东侧延伸至开城—黄花一线以东,吸收了中深部观庄次坳、小关山隆起及泾源次坳北段,面积增至 1088km²,表现为重力异常梯度带,最高区位于六盘山镇,反映了整个六盘山隆起的内部构造特征和隆起区向东地层逐步抬升的"斜坡"样式;南端泾源次坳随着深度的增大整体西移至泾源—新民一线以西的区域,面积为 373km²,形态上表现为幅值均匀、宽缓分布的梯度带,无极值中心,推测此坳陷为基底下沉较浅、上覆密度值较小的沉积盖层所致。

(三)鄂尔多斯地块西缘构造体系

相比较,深部鄂尔多斯西缘构造体系特征相对简单,受控于牛首山-罗山-崆峒山断裂的韦州-泾源隆起带呈南北向贯穿于研究区,显示了宁夏东部"南北古脊梁"的特征,由北至南分布有青龙山隆起和彭阳背斜,面积巨大,为 4127km²,具有幅值高、分布范围广的内部构造特征,整体表现为南、北两侧隆升较高、中部较低的"鞍部",其北段下马关—马高庄一带东侧为隆升最高区。此外,北段青龙山隆起的范围已经覆盖了西侧的韦州向斜、预旺次坳、甘城次坳及南段的马高庄隆起,南段彭阳背斜向西涵盖了云雾山隆起和古城次坳的范围,表明中深部隆起带周缘发育的次级坳陷均为上覆沉积层引起;东侧整体呈梯度带异常特征的为天环向斜的构造响应,其北段吸纳了杜家沟次坳,南段范围包含了中深部的草庙次坳及孟塬隆起,面积为 2329km²,无明显极值区,反映出隆起带东侧长条状次坳/隆起上覆沉积地层厚度变化较大。

第三节　深浅部构造转化

为了精细分析研究区深浅部构造的特征及其相互转化关系,本次以不同阶次重力小波细节场为代表,勾画出不同深度的构造特征。

一、深部—中深部构造转化特征

以 4 阶重力小波细节场为代表的深部构造形态较简单,仅发育受具有一定规模断裂控制的主要的构造单元。具体地,西侧北祁连海沟系具有"一坳两隆"的构造格架,中部大范围分布的西吉盆地以西吉—隆德为东界线,其西侧与窄长条的田坪隆起相邻展布,东侧发育南华山月亮山隆起;中段腾格里增生楔主要构造单元相对复杂,北端为卫宁盆地的南部倾末端,以近东西向的梨花坪—同心断裂为界,北段凸凹相间的构造体现了盆-岭构造体系的特征,自西向东依次展布兴仁次坳、香山隆起、喊叫水次坳、窑山凸起及红寺堡凹陷。以南以受海原断裂和牛首山-罗山-崆峒山断裂控制的六盘山盆地为主要构造,六盘山隆起和泾源次坳终止于增生楔南端;东段鄂尔多斯地块西缘发育的"南北古脊梁"贯穿研究区南北,自北向南分布青龙山隆起和彭阳背斜两处隆起区,以东伴生大面积、低幅值的天环向斜。

相比较,以 3 阶重力小波细节场刻画的中深部继承了深部主要构造单元的整体分布特征,随着深度变浅,小范围、低幅值的局部构造逐次发育,反映出中深部构造形态较为复杂。其中,北祁连海沟系"隆坳相间"的盆-岭构造格架初显雏形,最西侧田坪隆起继承了深部发育特征。中段西吉坳陷整体东移,范围收敛至以月亮山—新营—西吉—奠安—山河—将台—硝河围限的沉降区,其西侧相继派生出红耀次坳和新营隆起,东侧新发育的马莲断阶及观庄次坳相邻展布;以南华山-月亮山为中心的南华山—月亮山隆起变化较大,以月亮山—九彩一线为界,北部区域自北向南依次发育西华山隆起、关庄断阶、树台次坳和南华山隆起。以南月亮山隆起向东偏移至火石寨—偏城一带,范围逐步缩小。南段六盘山隆起整体向东偏移,并逐步归属于北祁连海沟系,北端西起于观庄东,向南经六盘山镇延伸至区外。南端继承性发育的泾源次坳东移距离较大,呈以泾源—兴盛—新民—黄花围限的长条状重力低异常区夹持于两隆起区之间。

中段腾格里增生楔内发育数条带状展布的弧形断裂,与之相伴的凸凹相间的局部构造相继派生。具体地,北段新发育的梨花坪凸起相邻展布于香山隆起南端,其东、西两侧的兴仁次坳和喊叫水次坳继承了深部的构造格局,仅是范围逐次缩小。中段以张家岘、黑城、关桥为边界的海原凹陷作为六盘山盆地衍生出的重要沉降区域,中心区位于东侧关桥—贾塬一带。东侧新派生的石峡口断阶,长条状展布于兴隆—高崖—七营一带西侧。此外,在李俊—黑城—炭山一线以南区域相继派生出沙沟断阶及六盘山盆地另一处沉降中心固原凹陷;中段分布于天景山断裂与烟筒山-窑山断裂($F_{Ⅲ}^2$)之间的区域,为典型的盆-岭构造体系特征。西侧衍生的以河西—同心—李旺—七营一线分布的同心凹陷延展较长,并将东、西两侧香山隆起、窑山凸起一分为二。东侧窑山凸起范围逐步扩大,向南延展至六盘山盆地内三营北附近;烟筒山-窑山断裂以东的红寺堡凹陷呈继承性发育,仅是范围逐步缩小,并夹持于两山之间;随着深度变浅,控制"南北古脊梁"的牛首山-罗山-崆峒山断裂自北至南呈显著的左行错阶排列,并于炭山以北区域向东偏移至韦州—马高庄一带,其山前相继派生出以大罗山—小罗山为中心的罗山隆起、韦州向斜、预旺次坳及甘城次坳等局部构造。

东侧鄂尔多斯地块西缘台地继承了深部隆起带的构造特征,并于隆起带东侧由北至南衍生出一系列凸凹相间的局部构造。具体地,以黑城—炭山一线为界,北段青龙山隆起向北缩减至马高庄北,以南新发育的马高庄隆起呈长条状相邻展布。紧邻青龙山隆起带的天环向斜,其西侧派生的杜家沟次坳范围较小,基底埋藏深度较浅;南段衍生的云雾山隆起、小关山隆起呈长条状展布于牛首山-罗山-崆峒山断裂东侧,以东相继发育的古城次坳将隆起带一分为

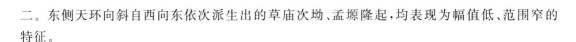

二。东侧天环向斜自西向东依次派生出的草庙次坳、孟塬隆起,均表现为幅值低、范围窄的特征。

二、中深部—浅部构造转化特征

以 2 阶重力小波细节场刻画的浅部构造体系,除衍生出小范围窄长条状次级构造外,整体分布格局未发生显著变化。具体地,西侧北祁连海沟系除在红羊—月亮山一带新发育幅值较低的红羊断阶外,其余次级构造均继承了深部的展布特征,仅是西吉坳陷、马莲断阶、观庄次坳、六盘山隆起等形态变化较大;中段腾格里增生楔弧形展布特征更加显著,少数在中深部未发育的局部构造也有清楚的凸显。具体地,北段凸凹相间的局部构造继承了中深部发育特征,仅是局部构造形态发生变化。中部马万山—郑旗—七营—甘城一线以东相继派生出低幅值、窄范围、较平缓的九彩凸起、马东山凸起、三营西次坳、黑城断阶和炭山断阶。南段固原凹陷向西南收敛于头营—固原一线以西区域,东侧派生的三营凹陷与之接壤,其余局部构造呈继承性发育并逐步收敛为显著的带状展布特征;东侧鄂尔多斯西缘各局部构造继承性的发育为隆坳相间的盆-岭构造体系。以炭山为界,北段青龙山隆起、马高庄隆起、杜家沟次坳及天环向斜形态和展布范围同中深部基本保持一致,南段除古城次坳向北延展至寨科乡外,其余次级构造变化不大。

第五章　弧形构造带构造演化特征

第一节　已有研究成果

研究区位于柴达木-华北板块中南部,是由西向东依次连接祁连早古生代造山带、阿拉善微陆块、华北地块鄂尔多斯陆块构造单元的枢纽地区。根据前人研究,自中元古以来,该区经历过多期构造运动。前人以区域地质构造特征和演化规律为研究对象,取得了丰富的研究成果与认识。

一、北祁连早古生代造山带

北祁连早古生代造山带东北缘位于研究区西南侧。进入21世纪以来,随着测试技术的进步,以及中外学者对祁连造山带开展的全面系统性的研究,对造山带的形成与演化过程取得了进一步认识。北祁连造山带是在Rodinia联合大陆基础上于新元古代晚期(杜远生,2007)开始裂解,经由新元古代晚期的裂谷盆地、寒武纪早期的成熟洋盆(祁连洋)、早古生代寒武纪晚期—奥陶纪的北祁连活动大陆边缘、志留纪—早中泥盆世碰撞造山而形成的。北祁连、河西走廊地区发育奥陶纪洋壳-岛弧-弧后火山岩,形成典型的沟-弧-盆构造体系沉积(杜远生等,2004)。志留系发育前造山阶段的复理石沉积,泥盆系则主要为典型的前陆盆地磨拉石建造。晚泥盆世进入后碰撞造山的伸展作用环境,造山带地壳开始减薄。石炭系以滨海沼泽相沉积为主。晚石炭世—早二叠世,陆表海盆逐渐向陆相盆地演化过渡,在北祁连早古生代造山带形成陆表海上叠盆地。早中三叠世特提斯洋关闭,祁连造山带内部发育的三叠纪盆地沉积记录了印支期构造挤压事件。晚三叠世晚期与早、中侏罗世北祁连整体上处于伸展构造环境(郭召杰等,1998;金之钧等,1999;戴俊生等,2000)。早白垩世构造挤压导致北祁连造山带周缘形成早白垩世大量类前陆盆地(如六盘山盆地)。新生代以来在印度板块与欧亚大陆碰撞造山的大规模挤压构造背景下,北祁连陆内造山作用强烈,发育逆冲断裂作用,最终形成了现今的盆-山构造地貌。

二、阿拉善微陆块

阿拉善微陆块在研究区内中部,东接华北地块主体,西南与祁连造山带相接,传统上被认为是一个被造山带和断裂带围限的太古宙微地块。新太古代—古元古代晚期阿拉善陆块经历了从原始陆壳形成到与鄂尔多斯地块拼合在一起的阶段(翟明国等,2019),之后进入了缓慢沉积时期。直到晚奥陶世晚期,受祁连造山运动影响,北祁连弧-盆构造向阿拉善微陆块俯冲,香山陆缘斜坡盆地形成腾格里早古生代增生楔,奥陶纪末期最终褶皱隆升,表明此时期阿拉善微陆块与华北陆块产生了构造分异,之后志留纪—泥盆纪表现为前陆盆地,上叠石炭世—早二叠世早期海陆交互相沉积及早二叠世晚期—中二叠世陆相沉积。晚三叠世早期表现为广阔的陆内伸展,烟筒山—香山等地区形成泥盆纪—三叠纪前陆-上叠盆地。伴随着古特提斯洋的闭合过程,其构造效应的前缘波及宁夏地区,致使晚三叠世地层发生大规模褶皱、断陷、隆起。侏罗世香山、窑山等山前、山间坳陷地带发育了小型含煤盆地。早白垩世燕山期褶皱隆起带前发育了六盘山坳陷盆地。晚白垩世—古新世六盘山及周缘地区处于整体抬升剥蚀期,未接受沉积。始新世以来,位于青藏高原东北缘的宁夏西南部表现为印度板块与欧亚大陆碰撞的远程构造效应,阿拉善微陆块经历了以逆冲推覆为主导的构造变形与盆-岭构造演化阶段,由此形成了从北祁连地块向北东扩展的宁夏弧形构造带体系。

三、华北陆块鄂尔多斯地块

研究区位于鄂尔多斯地块西南区域,其西部与阿拉善微陆块相邻,该地块在构造演化期间表现非常稳定,自早古生代时以青铜峡-固原断裂为界,两者产生构造分异,前者表现为"L"形拗拉槽,开始接受寒武世—中奥陶世碳酸盐台地-碳酸盐斜坡-深水平原相沉积。受祁连造山运动影响,鄂尔多斯西缘缺失晚奥陶世、志留系、泥盆系和下石炭统沉积。晚三叠世鄂尔多斯西缘发生了微弱的褶皱变形,大致以青龙山-彭阳断裂为东界,其西侧形成了古隆起(俗称"南北古脊梁"),这个古隆起向北延伸与银川地堑下的古隆起相连接,分割着中晚三叠世贺兰山盆地与鄂尔多斯盆地。古隆起以东为鄂尔多斯盆地,接受了石炭系羊虎沟组—二叠系下石盒子组的沉积,早—中侏罗世鄂尔多斯西缘发育了宁东—盐池—彭阳地区的大型含煤盆地。晚侏罗世燕山运动的构造隆升基本奠定了鄂尔多斯西缘古隆起带的基本格局。早白垩世,该构造隆起带作为重要屏障,分割着早白垩世六盘山盆地和鄂尔多斯盆地。晚白垩世鄂尔多斯地块处于构造相对平静、整体抬升剥蚀期,未接受沉积。始新世以来,受印度板块与欧亚大陆碰撞的远程构造效应影响,鄂尔多斯西缘形成了逆冲推覆构造带,造就了现今鄂尔多斯西部中生代坳陷为西缘中元古代—早古生代裂陷带所围限的矩形形态。

第二节 区域构造应力场特征

一、古构造应力场分析

(一)北祁连早古生代造山带

研究区内的北祁连早古生代造山带属于北祁连造山带的东段,根据对北祁连造山带东端物质组成及其构造变形的研究结果(魏方辉,2013),结合领区区域地质研究成果和整个祁连-秦岭造山带构造演化特征,可将本区的构造演化应力场分为以下几个时期。

1. 前寒武纪构造变形期

古元古代，在固结的华北早期陆壳南缘发生区域性伸展裂陷作用，在裂陷槽中堆积了以陇山群为主体的基性火山-陆源碎屑复理石及碳酸盐岩组合。在元古宙造陆事件（吕梁运动及四堡运动）中，陇山群发生低角闪岩相区域变质和变形作用，陇山群在本次事件之后增生拼合于华北古陆南缘，从而使华北古陆向南扩展增生。

2. 中奥陶世—早泥盆世板块俯冲-碰撞变形期

这期构造变形是本次研究的重点，表现为近南北向强烈挤压作用下的北西西向面状挤压韧性—韧脆性变形作用，卷入该期次变形的地质体有古—中元古代火山-陆源碎屑-碳酸盐岩、早古生代火山-沉积岩系及侵入其中的加里东期花岗岩体。

3. 晚泥盆世—早石炭世板块斜向碰撞-走滑拼贴变形期

本期构造变形是继加里东期板块俯冲-碰撞过程之后的变形阶段，以韧性逆冲-走滑运动为主。在板块俯冲—碰撞过程中，北祁连地区已隆升成陆。在晚泥盆世—早石炭世，秦岭地区全面碰撞造山，发生了主安沿构造边界附近较大规模的自北而南的韧性逆冲剪切变形。

4. 晚石炭世—早二叠世陆内伸展构造变形期

本期构造只在北祁连东端地区的古元古界陇山群岩石中可见相应的构造形迹，主要为陆内伸展体制下发生的区域性隆升和剥蚀，造成清水百家—山门一带和马鹿等地陇山群基底岩石隆升剥蚀形成构造窗；在清水后川峡圆川一带发育一个小型穿隆构造。

5. 印支期陆内挤压构造变形阶段

随着中国南、北两大板块的拼合，在北祁连造山带东端的地质体内部和边界表现为继承性浅层逆冲推覆构造变形和走滑运动，明显可识别的构造形迹为叠加在加里东期构造变形阶段形成的韧性变形带之上的韧脆性构造变形，早期糜棱质岩石普遍发生碎裂化，形成碎裂化韧性变形岩系列。

6. 燕山期—喜马拉雅期陆内构造变形阶段

强烈的印支运动后，地壳由以整体运动为主变为以断块运动为主导，构造变形多表现为构造线近南北向或北东向不同规模的褶皱与脆性逆冲断裂构造，断裂具右行走滑特征，且常使加里东构造变形期形成的北西西向韧性剪切面理发生近南北向的扭动变位，脆性逆冲断裂切割印支期的花岗岩。喜马拉雅期仍以块断构造运动为主，造成大幅度的山体隆升和盆地沉降，新生界河湖相沉积广布。

（二）阿拉善微陆块

研究区内所辖的阿拉善微陆块的主要构造单元为六盘山盆地，因此，书中仅对六盘山盆地形成及演化的应力场进行论述。为查明早白垩纪六盘山构造应力场及其形成演化历史，王勇等(2007)在六盘山盆地南缘对下白垩统六盘山群进行了大量的地层变形及其断裂滑动矢量的详细观测，同时，结合已有的区域构造应力场资料，反演了六盘山早白垩世构造应力场和盆地形成演化历史。

1. 早白垩世早期构造应力场

通过野外对早白垩世六盘山群的详细观测，在六盘山群中发现了一些同沉积断层。同时，对其断层滑动矢量的计算分析，早白垩纪早期，盆地开始发育时，受近东西向引张构造应力场的控制，沉积了一套早白垩世泥岩、页岩、砂岩和砂砾岩等。

2. 早白垩世晚期构造应力场

大量的断裂变形观测也指示六盘山盆地存在一期北西-南东向的挤压构造应力场。同时，通过对六盘山主峰(隆德与泾源之间的大关山)两侧发育的六盘山群褶皱进行观测分析，下白垩统的变形是受北西-南东向的挤压构造应力场控制，这与盆地内的断裂滑动矢量的观测结果一致。结合区域构造应力场特征，早白垩纪晚期，构造应力场由近东西向引张转变为强烈的北西-南东向的挤压，六盘山盆地受这期北西-南东向的挤压构造应力场的控制，六盘山群发生强烈变形，在六盘山群中形成大量连续的紧闭褶皱。盆地结束沉积，褶皱回返，使盆地内缺失上白垩统和古新统。

3. 晚新生代构造应力场

野外断层滑动矢量测量和反演结果，结合线理叠加分析及已有区域应力场研究成果表明，晚新生代以来，受印度板块碰撞俯冲作用的影响，构造应力场先后以北东—北西向挤压及近东西向挤压为主，其中近东西向挤压应力场已被 GPS 观测结果所证实，应为最新发生的一次构造应力场。早期盆地受北东—北西向挤压作用导致盆地强烈变形，主边界断裂以逆冲活动为主，盆地内部发生褶皱变形，六盘山主体开始快速抬升。其后，应力场发生调整，主压应力方向转为近东西向，盆地主边界断裂发生左旋走滑活动并兼具逆冲活动，六盘山受挤压发生强烈逆冲活动而急剧隆升。

(三)华北陆块鄂尔多斯地块

本次研究区所辖的鄂尔多斯地块属于鄂尔多斯地块西缘南段(刘亢等，2014)，以共轭剪切节理统计为主，辅以小断层、小褶皱、显微裂隙分析的方法，同时考虑盆地形成演化的地球动力学背景，结合前人的研究成果(张义楷，2006；王双明，1996)，分析鄂尔多斯西缘南段各期的应力状态及其应力场分布特征。分析结果显示，鄂尔多斯西缘南段自中生代以来，经历了 3 期古构造应力场。

1. 应力场特征

(1)印支期。三叠纪末期的印支运动造成了鄂尔多斯盆地侏罗系和三叠系间呈角度(或平行)不整合接触关系,最大主压应力方向为北东-南西向,统计的平均值为64°∠16°。

(2)燕山期。燕山期运动形成了研究区侏罗系与白垩系不整合接触。不整合面之上是下白垩统志丹群及其相当层位,其上被厚度不大的新近系覆盖,缺失上白垩统和古近系。燕山期古构造应力场与印支期相似,最大主压应力方向为北东东向,统计平均值为83°∠10°。

(3)喜马拉雅期。喜马拉雅运动是研究区第四系以来的构造演化主要动力来源,最大主压应力方向为北东东-南南西向,统计平均值为30°∠14°。

2. 构造应力场转化

由以上构造应力场特征分析可看出,在3个期次的构造背景作用下,鄂尔多斯西缘南段呈现出不同的构造应力状态。处于相对稳定的阿拉善地块、鄂尔多斯地块与多期活动的秦祁褶皱带和六盘山弧形构造带的复合交会部位,不同时期受不同构造单元联合控制,构造演化过程复杂。

印支期,华北板块处在西伯利亚板块和扬子板块的南北挤压构造格局之中,产生了轴迹近南北向的挤压构造应力场。特提斯海消亡产生的松潘-甘孜系与陆块碰撞产生向北或北东的挤压力,在祁连山加里东褶皱带与鄂尔多斯地块间产生右旋剪切应力,作用于本区,形成北东向挤压应力,使青铜峡-固原断裂产生左行走滑,形成了一系列由西向东逆冲的大断层。

燕山期,库拉-太平洋板块向北—北北西运动,并插入阿留申-日本海沟之下,同时欧亚大陆向南运动,两者相向运动斜向碰撞,导致鄂尔多斯盆地以东的中国东部发生强烈的构造变形和抬升。这种斜向碰撞所产生的左旋剪切应力作用于鄂尔多斯盆地,形成了北西-南东向的挤压应力场。北部鄂尔多斯盆地北西-南东向挤压应力和阿拉善地块的东向滑移,与南部北东-南西向的挤压应力耦合,使鄂尔多斯盆地西缘褶皱-冲断上升的构造格局基本定型,并限制了盆地的西部边界。

喜马拉雅期,印度板块向北俯冲,与欧亚板块碰撞,使鄂尔多斯盆地西南缘处于强烈的北北东-南南西向的挤压应力下,从而造成祁连褶皱带大幅度向北东方向逆冲于鄂尔多斯地块之上。太平洋板块的向西俯冲消减和中国东部沟-弧-盆体系的形成,使得包括鄂尔多斯盆地在内的中国东部不同程度地发生了向东的蠕散。

二、现今应力场分析

(一)第四纪晚期构造应力场的地质依据

研究区断裂带以北西西、近南北走向为主。其中,北西西向活动断裂带,如海原活动断裂带,多表现为左旋走滑性质;近南北向断裂带,如鄂尔多斯西缘桌子山西麓与大小罗山等活动断裂带,多为右旋走滑性质。由此可以大致推断,研究区主要受以近北东-南西向为主的强大挤压力作用(图5-1)。

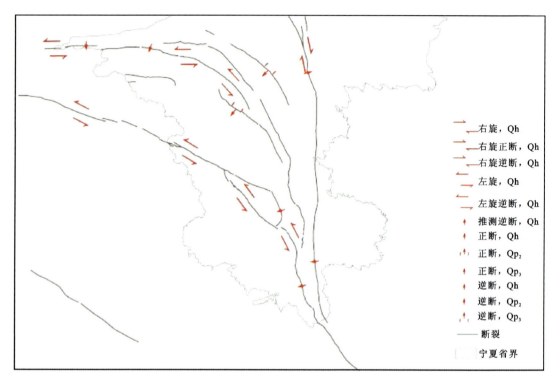

图 5-1　第四纪晚期活动断裂组合方式反映的主压应力轴方向示意图
（据兰州地震研究所,2020）

(二)震源机制解结果反映的现代构造应力场

震源机制解作为研究现代构造应力场的一种重要方法,也反映了地壳现今应力状态和断层构造的运动特征,由于早期台网和资料的不足,尤其是强震的震源机制解结果寥寥无几,一般来说,强度越大的地震,越能反映区域应力状态,而震级越小,受局部条件影响越大。因此,一次中小地震震源机制的结果不足以反映整个区域构造应力场的基本特征,但一定范围内许多这样的结果,可以在统计意义上说明区域构造应力场的特征。宁夏地区前人较为丰富的中强或中小地震震源机制解资料均在一定程度上反映了现代构造应力场的大体格局。

赵知军和刘秀景(1990)利用 1970—1990 年的震源机制解资料求得的宁夏及邻区应力场分布,宁夏南部地区主压应力总体方向为北东东-南西西向。从宁夏地区及邻区活动性和主压应力场的方位来看,两者并不是完全一致的。中小地震震源机制解结果表明,青藏高原东北缘的宁夏南部区域主压应力,P 轴方位平均为 77°,而其平均仰角为 18.7°,接近水平,说明宁夏地区整体还是主要处于压应力轴为北东-南西向及北东东-南西西向的应力场中。

曾宪伟等(2015)基于 2003—2009 年宁夏的地震波形资料计算其震源机制解结果,聚类分析法分析了分区构造应力场,其中宁夏南部主压应力 P 轴总体优势发现为近东西向

SSW30°～40°，P轴仰角主要在20°～40°之间，构造应力场主压应力以水平作用为主，地震产生的震源区构造变形是北东东向发生压缩，北北西向发生相对扩张。

郭祥云等(2017)计算了2008—2014年鄂尔多斯周缘中小地震的震源机制并用区域阻尼应力法反演了平均构造应力场，其中宁夏地区内自北向南以及自西向东来看，其P轴方向大体上呈现北北东向、北东向至北东东向的过渡变化，而T轴则为北西西向、北西向至北北西向的变化，体现出较明显的分区特征，侧面反映这些地区震源机制类型较为复杂，由于宁夏地区处于青藏高原东北缘弧形构造区到银川盆地之间的转换带区域，既受到来自青藏高原的北东向挤压，又有来自阿拉善和鄂尔多斯地块复杂的挤压及拉张力的影响(图5-2)。

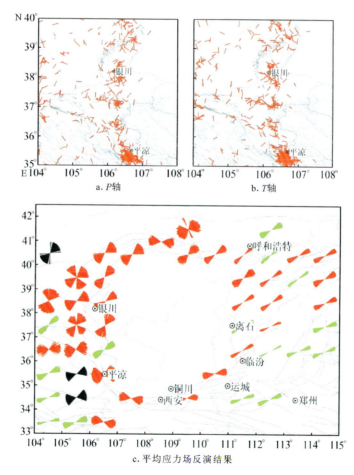

图5-2 鄂尔多斯西缘P、T轴方位分布及鄂尔多斯周缘平均构造应力场
(红色代表正断，绿色代表走滑，黑色代表逆冲类型，方向代表最大的平均主压应力)(据郭祥云等，2017)

综上所述，宁夏南部弧形构造区主要受海原-六盘山断裂以及天景山断裂带的左旋走滑及其挤压作用，反映该区域受到青藏高原东北向的挤压和青藏高原物质侧向挤出的共同作用，其现代构造应力场分区性明显。

(三)宁夏及邻区第四纪构造应力场和现代构造应力场对比

图 5-3 为宁夏地区及邻区第四纪和现代构造应力场综合结果图,图中蓝色箭头表示第四纪构造应力场方向,其方向以北东东为主,即为北东 60°～70°;紫色箭头为震源机制解反映的构造应力场方向,其主压应力方向也较接近北东东方向;绿色箭头为地震地表破裂带反映的构造应力场方向,其主压应力方向应为北东 70°～80°;红色箭头为地形变测量反映的构造应力场方向,其方向为北东 45°～60°。

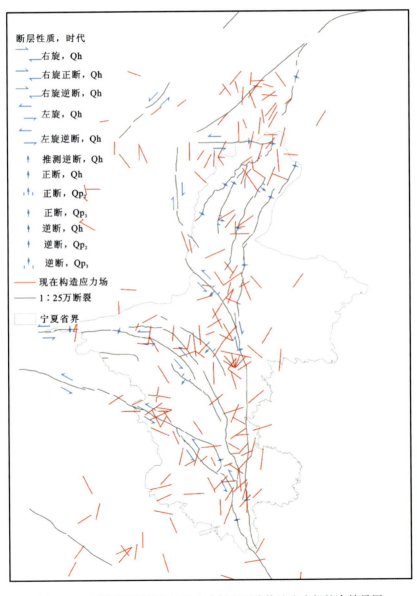

图 5-3 宁夏地区第四纪构造应力场和现代构造应力场综合结果图

整体来看,宁夏地区的这些箭头以北东 40°~70°方向较占优势。其中,宁夏北部主压应力轴主要方向为北东 40°~65°之间,而宁夏南部主压应力轴方向大体为北东 55°~80°之间。可以看出,第四纪构造应力场方向与现代构造应力场主压应力方向大体一致,即主要是北东或北东东方向,且自南向北大体呈现北东东到北东方向的变化。

宁夏南部呈现为北北东向地震破裂的张性右旋和北西西向地震破裂压性左旋的错动方式,显示主压应力还是以北东-南西向及北东东-南西西向为主,与震源机制得到的构造应力场也大体一致,表明宁夏地区及毗邻地区的构造应力场具有一定的分区性和继承性。

宁夏地区毗邻鄂尔多斯地块西缘区域,从北到南,主压应力轴方位由北北东向逐渐转变为近东西向,宁夏南部主要为北东东-南西西向的水平挤压应力的构造应力场控制,主张应力轴近于直立。

第三节　构造时空演化

一、主要构造单元演化特征

本节主要针对研究区主要构造单元的形成进行分析,包括西吉盆地、六盘山盆地、马家滩-彭阳隆褶带 3 个构造单元。

(一)西吉盆地

作为北祁连早古生代造山带东段的次级构造单元,针对性的构造演化研究较少,将其归入北祁连造山带的构造整体中进行分析较为合适。杜远生等(2004)在区域地质背景的基础上,分析了奥陶纪弧后盆地的沉积特征、志留纪复理石-海相磨拉石沉积特征、早—中泥盆世陆相磨拉石沉积特征,总结出了北祁连造山带晚加里东期—早海西期弧后盆地到前陆盆地的构造演化过程。

北祁连加里东期造山带是在新元古代 Rodinia 联合大陆基础上裂解,经由寒武纪早期华北板块南缘裂谷盆地、寒武纪后期—奥陶纪初期成熟洋盆、奥陶纪中晚期北祁连活动大陆边缘、志留纪—早中泥盆世碰撞造山而形成的。

祁连山古元古代的"北大河岩群"中、高级变质岩组成了该区的变质基底。北祁连的"阿拉善运动"形成了中、新元古界底部的区域不整合。中元古界以碎屑岩、火山岩和火山碎屑岩、含叠层石和鲕粒的碳酸盐岩及泥质岩为特色,新元古界青白口系为碎屑岩、含叠层石的碳酸盐岩和泥质岩。该区震旦系缺失,寒武系不整合于新元古界"青白口系"。

北祁连寒武系黑茨沟组以火山岩、火山碎屑岩为主,夹少量细碎屑岩及灰岩透镜体。在东部白银一带,黑茨沟组为凝灰质千枚岩、石英角斑岩、细碧角斑岩夹硅质岩、大理岩透镜体;黑茨沟组的三叶虫反映白银一带为中寒武世早期,火山岩为海底火山熔岩、火山碎屑岩,双峰式火山喷发特征反映其为典型的大陆裂谷火山活动的产物。

北祁连晚寒武世—早奥陶世香毛山组,主要为浅变质的泥质岩夹结晶灰岩,局部夹火山碎屑岩,内含丰富的浅海相三叶虫、腕足类化石。香山群(宁夏)以浅海碎屑岩沉积为主,代表北祁连裂谷扩展过程中的产物。早奥陶世,北祁连广泛分布阴沟群。阴沟群主要由玄武岩、安山玄武岩、安山岩及火山碎屑岩组成,内夹各类岩屑砂岩、板岩、硅质岩及灰岩。北祁连东段永登—景泰一带,阴沟组火山熔岩发育较差,火山碎屑岩、硅质岩、碎屑岩发育较好,代表深海沉积。北祁连下奥陶统中堡群,中奥陶统斯家沟组、妖魔山组、天祝组与上奥陶统南石门子组、扣门子组和斜壕组、发育奥陶纪-岛弧-弧后火山岩,形成典型的沟-弧-盆体系的沉积。

志留纪—早中泥盆世是北祁连沉积盆地的转换时期。志留系均以碎屑岩沉积为主。北祁连东段仅发育早志留世复理石沉积,反映北祁连加里东期造山过程的纵向不均一性和斜向碰撞、不规则边缘碰撞的造山特征。早中泥盆世在北祁连地区为中下泥盆统老君山组(雪山群),为典型的陆相粗碎屑岩磨拉石沉积。从空间分布上看,志留系—泥盆系在北祁连地区也有自北向南厚度加大、粒度变粗的特征,古流以由南向北、来自造山带的古流为特征。北祁连奥陶纪弧后盆地火山岩—志留系复理石—海相磨拉石—中下泥盆统陆相磨拉石的充填序列以及空间分布特点,反映为典型的弧后盆地向前陆盆地转化的沉积序列。

(二)六盘山盆地

六盘山盆地为宁夏南部重要的含油气、岩盐矿的构造单元,汤锡元等(1988)在探讨鄂尔多斯西缘逆冲推覆构造带时对构造特征与演化过程进行了重点阐述,认为中生代的南北向构造带在印支期和燕山期的逆冲推覆作用是六盘山地区西部形成了逆冲隆起带,六盘山盆地在早白垩世形成为一个挤压坳陷盆地,沉积了约3000m厚度的下白垩统六盘山群内陆碎屑沉积。

宋新华等(2015)在前人研究的基础上,系统性提出了六盘山盆地的形成演化过程。这具体包括了基底演化阶段、雏形形成阶段、主体地层沉积阶段与构造变形改造阶段。受多旋回陆内造山作用的影响,六盘山盆地经历了海西期、印支期、燕山期、喜马拉雅期等多期成盆作用,不同时代、不同成因和不同性质的盆地在空间上叠置为多旋回叠合盆地(汤济广等,2009)。多旋回成盆演化导致盆地结构经历多期改造活动,致其具有现今复杂的构造变形特征。

1. 海西期成盆演化

海西运动中期,地壳拉张沉陷,北祁连及河西走廊地区整体沉降,发生大规模海侵,形成类克拉通盆地,广泛沉积了石炭系一套滨浅海相、海陆交互相的砂泥岩含煤建造。晚石炭世末期,晚海西运动使地壳隆升,海水退出,结束了石炭系的沉积历史。二叠纪开始,北祁连及河西走廊地区转变为陆相坳陷型盆地,大范围地接受了二叠系河湖相沉积。

2. 印支期成盆演化

三叠纪,河西走廊及北祁连地区仍为稳定坳陷区。早中三叠世盆地为一隆起区,使其大部分缺失早中三叠世沉积。晚三叠世,盆地接受了晚三叠世延长组沉积,岩性为深灰色砂泥岩互层并夹少量煤线,是盆地内一套主要烃源岩层。

3. 燕山期成盆演化

侏罗纪开始,祁连地区处于伸展应力场背景,盆地转换为断陷盆地,其断陷呈北西向展布,正断层开始具有生长性质,并控制着沉积中心的位置。早侏罗世全区处于隆升状态,中侏罗世局部形成浅湖相沉积,更广泛的地区是以滨浅湖相和沼泽相形成含煤砂泥岩建造,而侏罗纪末期,盆地整体抬升,使上侏罗统遭受剥蚀。白垩纪,伸展应力增强,盆地整体断陷沉降更大范围接受沉积,为盆地最厚的一套沉积建造。在海原和固原凹陷,该期的沉积中心与三叠纪—侏罗纪的沉积中心基本一致。

4. 喜马拉雅期成盆演化

由于印度板块与欧亚板块强烈碰撞,北祁连产生强烈的逆冲挤压,褶皱隆升,由于构造负荷的不均衡作用,形成陆内前陆盆地。盆地沉积中心位于南华山—西华山一侧,往东减薄。在强烈的挤压应力作用下,盆地内中生代正断层均发生反转成为逆冲断层,形成较普遍的正反转构造。强烈的挤压除产生许多断裂褶皱构造外,还使许多地方中新生界广泛出露地表,奠定了现今的构造格局。

(三)马家滩-彭阳隆褶带

马家滩-彭阳隆褶带属于鄂尔多斯西缘陶乐-彭阳冲断带的南段,因其相对于东部鄂尔多斯盆地及西部六盘山盆地呈现出古生界隆升较高的状态,又得名鄂尔多斯盆地西部"古脊梁"或"古陆梁"。针对"古陆梁"的演化过程,在厘清"古陆梁"概念的基础上,汤桦等(2006)通过论述晚三叠世鄂尔多斯盆地西部的构造大势、沉积响应确定了"古陆梁"形成时间及其演化过程。

晚三叠世,"古脊梁"地区上三叠统与下伏地层呈整合或平行不整合接触,J-T之间仅为微角度不整合接触,K_1-J_3之间才出现明显的角度不整合,但其范围仅限于霍福臣所限定的范围内(惠安堡—平凉)即本书所指的"古陆梁"范围,此时"古陆梁"东侧地层夹角为0°,西侧地层夹角小于30°,古陆梁上地层夹角大于30°,其中马坊沟地层夹角为84°,崆峒山地层夹角为65°,碧草沟地层夹角为68°,这时的古陆梁才是真正意义上的"古陆梁";这表明"古陆梁"是燕山中期(晚侏罗世)形成的。燕山晚期—喜马拉雅早期"古陆梁"又被夷平,缺失上白垩统,从盆地到西部,地层夹角逐渐增大,也不存在"古陆梁"。刘池阳等(2001)通过对盆地西缘不同时代的地层磷灰石、锆石裂变径迹年龄分布进行分析,所取得的年龄多小于200Ma(多为印支期以来的年龄),平均为146.8Ma,反映了盆地西缘主构造抬升事件发生于晚侏罗世。

这与李斌(2019)通过平衡剖面恢复方法得出的结论基本一致。选取中南部甜水堡段地区进行平衡剖面恢复,从中可以看出,奥陶纪沉积末期,东部发生拉张断陷,断裂西侧地层加厚,也有次级的挤压推覆作用。三叠纪沉积末期,继续挤压,断层断开石炭系—二叠系,缩短了 2.2km。侏罗纪沉积末期,西部发生极其强烈的挤压推覆作用,产生惠安堡-沙井子断裂、青龙山-平凉断裂、韦州-安国断裂、青铜峡-固原断裂,断距达 5km 以上,惠安堡-沙井子断裂以西寒武系—奥陶系上覆地层被不同程度地剥蚀,缩短量为 12.1km。白垩系沉积后,发生剥蚀,只在断裂以东残留部分白垩纪地层,总体缩短量为 14.6km,形成了现今的同向西倾断块格局。

二、区域构造演化过程

根据研究区内西吉盆地、六盘山盆地与马家滩-彭阳隆褶带 3 个代表着北祁连早古生代造山带、阿拉善微陆块和鄂尔多斯西缘早古生代裂陷带的主要构造单元的演化特征,综合将研究区区域构造演化过程分为 4 个阶段。

(一)早古生代(寒武纪—奥陶纪)

早古生代初期,古中国陆块重新发生解体,秦祁陆块再次拉张,北祁连造山带在新元古代 Rodinia 联合大陆的基础上裂解形成,在中寒武世发展为大洋裂谷,至早奥陶世形成成熟的大洋,中奥陶世大洋发展到顶峰,沉积了一套巨厚的复理石建造,形成完整的沟-弧-盆体系。此时期,阿拉善微陆块所在区域在秦祁大洋不断扩张的背景下,在贺兰山坳拉谷靠近秦祁大洋一侧发育北祁连弧后盆地,形成一套过渡型大陆斜坡环境建造。东侧的鄂尔多斯西缘裂陷带在中—新元古代被动陆缘基础上,于早古生代继续扩展,形成以浅海台地相为主的碎屑岩-碳酸盐岩与次深海相碎屑岩夹碳酸盐岩沉积建造,与华北地块腹地一致,鄂尔多斯西缘(华北陆表海西缘)地层发育良好,层序完整,早古生代末,鄂尔多斯盆地西南部抬升(图 5-4)。

受整体区域构造环境的影响,研究区构造单元发育特征简单,祁连早古生代造山带在祁连洋海槽南西向拉张应力作用下形成了西吉岛弧与海原弧后盆地,鄂尔多斯地块整体呈现陆表海盆构造特征,夹持于二者之间的阿拉善微陆块,以陆缘斜坡盆地为主要构造特征,构成了腾格里增生楔的主体。

此阶段主要发育 5 条断裂,其中:海原断裂为北祁连海沟系与腾格里增生楔的分界断裂,牛首山-罗山-崆峒山断裂则界定了鄂尔多斯地块与腾格里增生楔的边界。

(二)晚古生代(志留纪—泥盆纪)

早古生代晚期,加里东旋回第一期构造变形开始,北祁连洋向北俯冲发生造山作用,北祁连完全地槽封闭,北祁连东段整体隆升,北侧的河西走廊形成了前缘凹陷,凹陷的西南末梢端位于西、南华山一带,局部发育泥盆系磨拉石建造和下石炭统浅海相—潟湖相沉积。中祁连地块再次增生到华北陆块西南缘,致使志留系不整合覆盖于奥陶系香山群及中元古界海原群之上;该期俯冲造山作用致使腾格里早古生代增生楔形成一系列倾向大陆的逆冲断裂及褶皱,随着持续汇聚新的沉积层不断楔入老沉积断片之下,增生楔逐渐向构造楔演化,代表着北祁连海槽与香山陆缘斜坡盆地于加里东晚期最终闭合;此时,鄂尔多斯地块为稳定的克拉通,西缘地区未发生大型的挤压推覆造山活动(图 5-5)。

第五章 弧形构造带构造演化特征

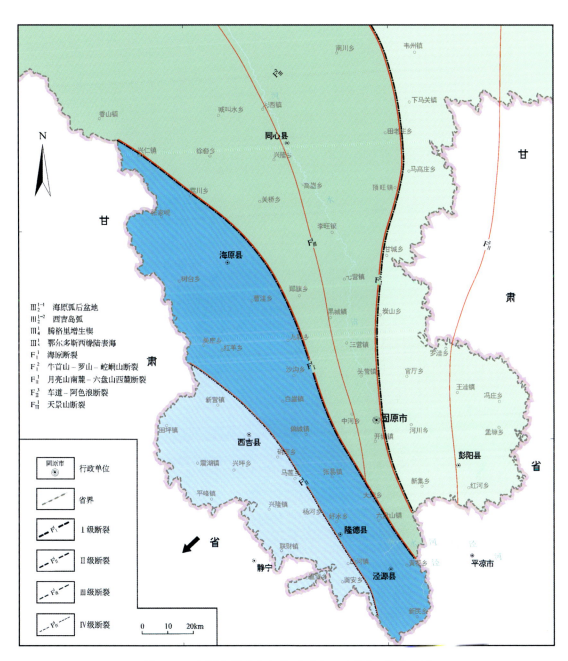

图 5-4 宁夏南部早古生代(寒武纪—奥陶纪)构造单元

在早古生代构造单元的整体格局控制下,晚古生代构造受北北东向俯冲挤压的构造应力环境,西南侧整体隆升的情况下,构造单元进一步细化,由西至东依次为海原弧后盆地($Ⅲ_2^{1-1}$)、西吉岛弧($Ⅲ_2^{1-2}$)、西华山-南华山前陆盆地($Ⅲ_2^{1-3}$)、香山陆缘斜坡盆地($Ⅲ_4^{1-1}$)、烟筒山前陆盆地($Ⅲ_4^{1-2}$)、卫宁北山陆缘斜坡盆地($Ⅲ_4^{1-1}$)与鄂尔多斯西缘陆表海($Ⅲ_5^1$)。与此同时,

127

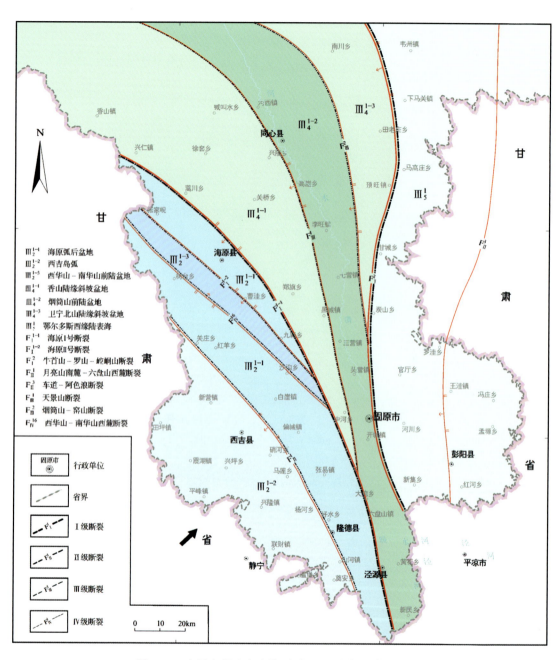

图5-5 宁夏南部晚古生代(志留纪—泥盆纪)构造单元

发育8条主要逆冲断裂,其中:海原断裂一分为二,海原Ⅰ号断裂(F_I^{1-1})为北祁连海沟系与腾格里增生楔的分界断裂,海原Ⅱ号断裂(F_I^{1-2})为海原弧后盆地($Ⅲ_1^{1-1}$)与西华山-南华山前陆盆地($Ⅲ_2^{1-3}$)的分界断裂,牛首山-罗山-崆峒山断裂(F_I^2)继承性发育,是鄂尔多斯地块($Ⅲ_5^1$)与腾格里增生楔($Ⅲ_4^1$)的边界,月亮山南麓-六盘山西麓断裂($F_Ⅱ^1$)界定了西吉岛弧($Ⅲ_2^{1-2}$)的东北边界,车道-阿色浪断裂(F_{II}^3)继承性发育,在北东向挤压应力东西向应力分量的作用下,具有逆断层的性质,天景山断裂(F_{III}^1)与烟筒山-窑山断裂(F_{III}^2)共同界定了香山陆缘斜坡盆地(III_4^{1-1})、烟筒山前陆盆地(III_4^{1-2})与卫宁北山陆缘斜坡盆地(III_4^{1-1})3个构造单元,西华山-南华山西麓断裂(F_{IV}^{16})与海原2号断裂(F_I^{1-2})控制了西华山-南华山前陆盆地(III_2^{1-3})的范围。

(三)中生代(三叠纪—白垩纪)

三叠纪,华北板块处在西伯利亚板块和扬子板块的南北向挤压构造格局之中,产生了轴迹近南北向的挤压构造应力场。阿拉善微陆块,在南北向区域挤压应力作用下向东滑移,由此产生了北西-南东向挤压应力场;在特提斯海消亡产生的松潘-甘孜褶皱系与陆块碰撞产生向北或东北的挤压力,在祁连山加里东褶皱带与鄂尔多斯地块间产生右旋剪切应力,形成北东向挤压应力,使牛首山-罗山-崆峒山断裂产生左行走滑,形成了一系列由西向东逆冲的大断层。在上述挤压应力作用下,北祁连造山带由海隆升成陆,长期处于风化剥蚀状态;阿拉善微陆块在南北向挤压应力作用下向东发生强烈推挤,腾格里增生楔区域在早—中三叠世为一隆起区,使其大部分沉积间断,晚三叠世,该区接受了晚三叠世延长组沉积,岩性为深灰色砂泥岩互层并夹少量煤线,是盆地内一套主要烃源岩层;鄂尔多斯地块西缘,晚三叠世与下伏地层呈整合或平行不整合接触,侏罗系与石炭系之间仅为微角度不整合接触,反映了该时期"古陆梁"尚未明显隆起。

侏罗纪开始,库拉-太平洋板块向北—北北西运动,并插入阿留申-日本海沟之下,同时欧亚大陆向南运动,两者相向运动斜向碰撞,这种由斜向碰撞产生的左旋剪切应力作用于鄂尔多斯盆地,形成了北西-南东向的挤压应力场,鄂尔多斯西缘南段最大主压应力方向为北北东向。此种应力环境致使北祁连造山带持续隆升,早侏罗世腾格里增生楔处于隆升状态,中侏罗世局部形成浅湖相沉积,更广泛的地区以滨浅湖相和沼泽相形成含煤砂泥岩建造,至晚侏罗世末期,此前形成的六盘山—南西华山东北麓的陆缘斜坡盆地、前陆盆地、坳陷、断陷等构造逐渐合而为一形成了六盘山盆地后整体抬升,使上侏罗统遭受剥蚀。此时在鄂尔多斯盆地西缘隆起形成了真正意义上的"古陆梁",分割了六盘山盆地与鄂尔多斯盆地,六盘山盆地进入相对独立的盆地演化阶段。侏罗系末期,鄂尔多斯西缘发生极其强烈的挤压推覆作用,产生惠安堡-沙井子断裂、青龙山-平凉断裂、韦州-安国断裂等断裂,惠安堡-沙井子断裂以西的寒武系—奥陶系上覆地层被不同程度地剥蚀。

白垩纪六盘山盆地区域伸展应力增强,盆地整体断陷沉降更大范围接受沉积,为盆地最厚的一套沉积建造。在海原凹陷和固原凹陷,该期的沉积中心与三叠纪—侏罗纪的沉积中心基本一致。晚白垩世,鄂尔多斯西缘"古陆梁"持续抬升,发生剥蚀,只在惠安堡-沙井子断裂以东残留部分白垩纪地层,形成了现今的同向西倾断块格局(图5-6)。

印支晚期至燕山期,是宁夏南部构造格局转换的主要阶段,宁夏南部由古生界海陆碰撞造山阶段彻底转变为挤压推覆盆-山构造形成阶段,西南侧的北祁连隆升成陆,中部阿拉善微陆块构造复杂化,呈电性的弧形构造体系,东部鄂尔多斯西缘受南北断裂系的控制,形成褶断带的构造特征。上述的构造体系具体细分为西吉古隆起(III_2^{1-1-10})、西华山-六盘山斜坡盆地(III_2^{1-1-9})、兴仁-海原坳陷盆地(III_2^{1-1-8})、香山褶断带(III_2^{1-1-7})、烟筒山-窑山褶断带

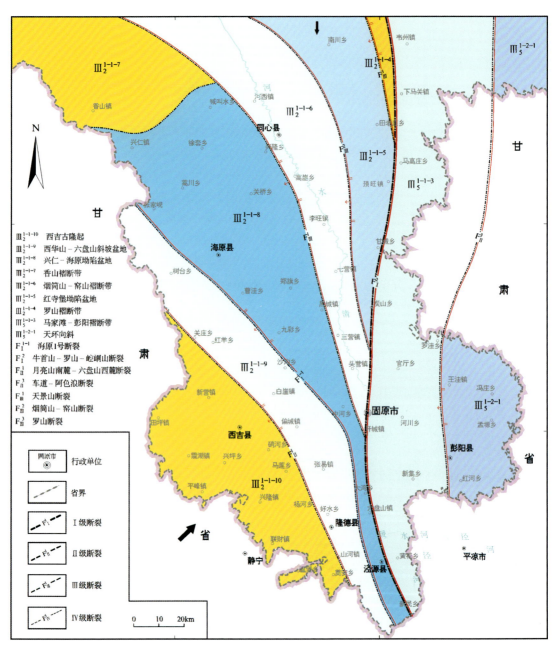

图5-6 宁夏南部中生代(三叠纪—白垩纪)构造单元

(III_2^{1-1-6})、红寺堡坳陷盆地(III_2^{1-1-5})、罗山褶断带(III_2^{1-1-4})、马家滩-彭阳褶断带(III_5^{1-1-3})、天环向斜(III_5^{1-2-1})。发育7条主要逆冲断裂,其中:海原Ⅰ号断裂(F_I^{1-1})为西吉古隆起(III_2^{1-1-10})与兴仁-海原坳陷盆地(III_2^{1-1-8})的分界断裂,牛首山-罗山-崆峒山断裂(F_I^2)为宁南弧形构造带(III_2^{1-1})与鄂尔多斯西缘(III_5^{1-1})的分界断裂。月亮山南麓-六盘山西麓断裂(F_{II}^1)厘定了西吉古隆起($Ⅲ_2^{1-1-10}$)的东北边界,车道-阿色浪断裂($F_Ⅱ^3$)继承性发育,西倾逆断,划定了马家滩-彭阳褶断带($Ⅲ_5^{1-1-3}$)和天环向斜($Ⅲ_5^{1-2-1}$)的范围。天景山断裂($F_Ⅲ^1$)、烟筒山-窑山断裂($F_Ⅲ^2$)与罗山断裂($F_Ⅲ^3$)为弧形构造带内部的3条分带断裂,可细分为兴仁-海原坳陷盆地($Ⅲ_2^{1-1-8}$)、香山褶断带($Ⅲ_2^{1-1-7}$)、烟筒山-窑山褶断带($Ⅲ_2^{1-1-6}$)、红寺堡坳陷盆地($Ⅲ_2^{1-1-5}$)和罗山褶断带($Ⅲ_2^{1-1-4}$)5个次级构造单元。

(四)新生代(古近纪—第四纪)

始新世开始,印度板块向北东俯冲,与欧亚板块碰撞,使研究区整体处于强烈的北北东-南南西向的挤压应力下,从而造成祁连褶皱带大幅度向北东方向逆冲于鄂尔多斯地块之上。同时,太平洋板块的向西俯冲消减和中国东部沟-弧-盆体系的形成,使得包括鄂尔多斯盆地在内的中国东部不同程度地发生了向东的蠕散。在欧亚板块、印度板块和太平洋板块的相互作用下,本区处于向北东的挤压和更加强烈的右旋剪切状态。北祁连产生强烈的逆冲挤压,褶皱隆升,由于构造负荷的不均衡作用,形成陆内前陆盆地。上新世末的喜马拉雅运动在六盘山盆地表现强烈,随着青藏高原的隆升,自南西向北东推挤,古近系—新近系普遍褶皱,伴有较强烈的冲断作用,以原地冲断为主,前中生代地层逆冲于古近系—新近系之上,导致燕山期形成的推覆构造带不断地向北东挤压而凸出呈弧形,六盘山盆地最终形成现今的残留盆地。盆地内部沉积了巨厚的新生界,而且早期的新生界随着推覆构造活动被卷入构造产生构造变形,鄂尔多斯盆地西部进一步相对隆升,基本形成了现今的构造格局(图5-7)。

喜马拉雅运动造就了新生界宁夏南部构造格局的格局,在青藏高原隆升而形成的北北东向挤压推覆应力及太平洋板块俯冲亚洲板块形成远程挤压蠕散应力的双重作用下,以牛首山-罗山-崆峒山断裂($F_Ⅰ^2$)为分界,研究区西部形成了以盆-山构造为主的弧形构造体系,进一步细分为10个构造分区:西吉坳陷盆地($Ⅲ_2^{1-1-10}$)、西华山-六盘山冲断带($Ⅲ_2^{1-1-9}$)、兴仁-海原坳陷盆地($Ⅲ_2^{1-1-8}$)、香山褶断带($Ⅲ_2^{1-1-7}$)、天景山冲断带($Ⅲ_2^{1-1-6}$)、清水河坳陷盆地($Ⅲ_2^{1-1-5}$)、烟筒山-罗山褶断带($Ⅲ_2^{1-1-4}$)、红寺堡坳陷盆地($Ⅲ_2^{1-1-3}$)、罗山冲断带($Ⅲ_2^{1-1-2}$)和韦州-预旺坳陷盆地($Ⅲ_2^{1-1-1}$);研究区东部以南北向构造带为特征,以车道-阿色浪断裂($F_Ⅱ^3$)与青龙山-平凉断裂($F_Ⅱ^2$)为界,东侧天环向斜($Ⅲ_5^{1-2-1}$)继承性发育,西侧的马家滩-彭阳褶断带进一步转化为马家滩-彭阳冲断带($Ⅲ_5^{1-1-3}$)。发育的8条主要逆冲断裂为中生代分界断裂的继承,断裂上盘逆冲距离进一步增大,在北北东向挤压应力作用下,断裂发生了明显的左旋走滑,并且被发育的北东向次级断裂右行错断,错断距离由南向北逐渐增加。

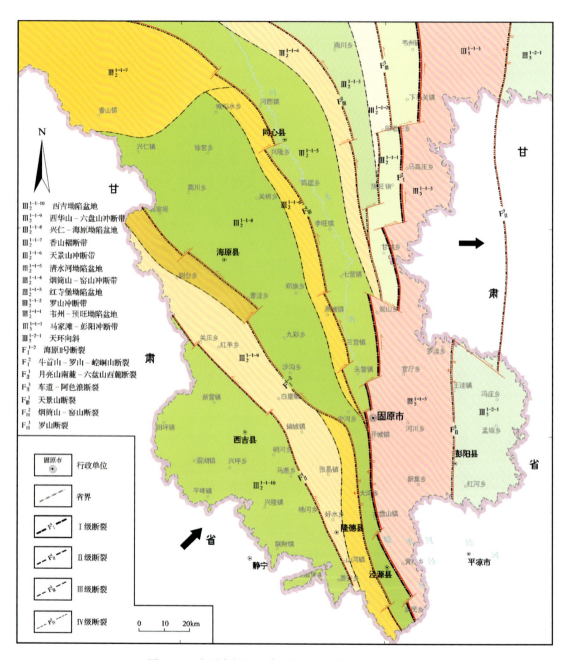

图 5-7 宁夏南部新生代（古近纪—第四纪）构造单元

第六章 结 语

第一节 结 论

(1)弧形构造带断裂具有深浅分层特征,浅部断裂共87条,其中:Ⅰ级断裂2条,为海原断裂与牛首山-罗山-崆峒山断裂;Ⅱ级断裂3条,为月亮山南麓-六盘山西麓断裂、彭阳断裂和车道断裂;Ⅲ级断裂3条,依次为天景山断裂、烟筒山-窑山断裂及罗山断裂;其余79条均为Ⅳ级断裂。深部断裂分布17条,其中:Ⅰ级断裂2条,分别为海原断裂与牛首山-罗山-崆峒山断裂;Ⅱ级断裂3条,依次为月亮山西南麓-六盘山西麓断裂、彭阳断裂和车道断裂;Ⅲ级断裂3条,包括天景山断裂、烟筒山-窑山断裂及海原-同心断裂;其余9条均为Ⅳ级断裂。

(2)宁夏南部牛首山-罗山-崆峒山断裂整体上呈南北走向,延伸约240km,被北东东向走滑断裂右行错断为8个亚段,且由南向北,右行错断的规模逐渐增大。断裂东侧新生界、中生界沉积层明显偏薄,不具有全域统一沉积的特征,属于明显的河流相、河湖交互相沉积环境,经多次构造运动改造,基底隆升较高;断裂西侧呈大面积的第四系覆盖特征,中生界沉积厚度较大,且具有西薄东厚的变化特征,为明显的大陆斜坡浅海沉积。

(3)宁夏境内北祁连造山带与阿拉善微陆块的分界为海原断裂,而非香山南麓断裂;海原断裂在深部分为两条,海原Ⅰ号断裂位于东侧,隐伏状展布于海原盆地内部,海原Ⅱ号断裂位于西侧,裸露状展布于南华山、西华山东北麓,海原Ⅱ号断裂在深部交会于海原Ⅱ号断裂之上;海原Ⅰ号断裂为前古生代两个构造单元的分界,海原Ⅱ号断裂是后古生代两个构造单元的分界。

(4)弧形构造带局部构造发育具有继承性特征。北祁连海沟系构造体系深部为北北西向弧形展布宽泛的局部构造,自西向东依次为田坪隆起、西吉坳陷及南华山-月亮山隆起3个次级构造单元,中部演化为3条北北西向弧形展布的长条状次级构造带,细分为12个次级构造单元,浅部整体继承了北北西向弧形构造带的特征,为隆坳相伴的13个窄条状次级构造单元。

(5)宁夏南部北祁连早古生代造山带、阿拉善微陆块与鄂尔多斯地块西缘3个构造单元在早古生代—新生代时期受到不同区域地质应力作用,具有不同的构造演化特征。祁连早古生代造山带主构造演化期为加里东晚期,近南北向强烈挤压作用,形成了北西西向面状挤压韧性—韧脆性变形,阿拉善微陆块主构造演化期为燕山期,近东西向拉张作用为区域性早白垩纪的沉积提供了构造场所。鄂尔多斯地块西缘主构造演化期为燕山期,北东-南西向的挤压应力,使鄂尔多斯盆地西缘褶皱—冲断上升的构造格局基本定型,并限制了盆地的西部边界。

（6）根据西吉盆地、六盘山盆地与马家滩-彭阳隆褶带3个代表着北祁连早古生代造山带、阿拉善微陆块和鄂尔多斯西缘早古生代裂陷带的主要构造单元的演化特征，将区域构造演化过程分为早古生代（寒武纪—奥陶纪）、晚古生代（志留纪—泥盆纪）、中生代（三叠纪—白垩纪）和新生代（古近纪—第四纪）4个阶段。早古生代，祁连造山带在祁连洋海槽南西向拉张应力作用下形成了西吉岛弧与海原弧后盆地，鄂尔多斯地块整体呈现陆表海盆构造特征，夹持于二者之间的阿拉善微陆块以陆缘斜坡盆地为主要构造特征，构成了腾格里增生楔的主体；晚古生代，北祁连洋向北俯冲发生造山作用，北祁连东段整体隆升，俯冲作用致使腾格里早古生代增生楔形成一系列倾向大陆的逆冲断裂及褶皱，鄂尔多斯地块为稳定的克拉通，西缘地区未发生大型的挤压推覆造山活动；中生代，宁夏南部构造格局发生明显转换，由古生代海陆碰撞造山阶段彻底转变为挤压推覆盆-山构造形成阶段，西南侧的北祁连隆升成陆，中部阿拉善微陆块构造复杂化，呈典型的弧形构造体系，东部鄂尔多斯西缘受南北断裂系的控制，形成褶断带的构造特征；新生代，喜马拉雅运动造就了宁夏南部现今的构造格局，在青藏高原隆升而形成的北北东向挤压推覆应力及太平洋板块俯冲亚洲板块形成远程挤压蠕散应力的双重作用下，牛首山-罗山-崆峒山断裂以西区域为以盆-山构造为主的弧形构造体系，以下区域为以南北向构造带为主要特征的冲断带构造体系。

第二节　建　议

本次研究以区域地质为指导，基于重力、磁法、电法等深部物探资料，详细分析了宁夏南部地区的构造体系特征，厘清了主要构造单元的构造演化过程。但是，受工作范围所限制，从研究对象的完整性方面来看，仍然存在较大的缺憾，体现在以下两点：一是未能厘定牛首山-罗山-崆峒山断裂在牛首山至罗山之间区域的展布特征，使得针对该断裂展布特征的新认识不够全面；二是未能刻画出天景山断裂、烟筒山-窑山断裂与罗山断裂向北延伸特征，以及其与卫宁北山南麓断裂的相互交切关系，影响了对宁夏中部东西、北东向构造体系与宁夏南部弧形构造体系的深入研究。

因此，基于上述原因，建议设立"宁夏中部深部构造体系特征研究"专项课题，在吴忠以南、红寺堡以北、中卫以东、盐池以西的东西向狭长区域，针对构造体系进行深入分析，将宁夏北部、南部的研究成果进行衔接，进而完成宁夏全区构造体系的精细成果厘定。

主要参考文献

白云来,王新民,刘化清,等,2010.鄂尔多斯盆地西缘构造演化与相邻盆地关系[M].北京:地质出版社.

陈虹,胡健民,公王斌,等,2013.青藏高原东北缘牛首山-罗山-崆峒山断裂带新生代构造变形与演化[J].地学前缘,20(4):18-35.

陈孝雄,王友胜,龙国富,等,2007.六盘山盆地西南缘逆冲推覆构造带综合物探研究[J].天然气工业,27(增刊A):399-401.

陈宣华,邵兆刚,熊小松,等,2019.祁连造山带断裂构造体系、深部结构与构造演化[J].中国地质,46(5):995-1020.

戴霜,方小敏,宋春晖,等,2005.青藏高原北部的早期隆升[J].科学通报,50(70):673-683.

杜远生,朱杰,韩欣,等,2004.从弧后盆地到前陆盆地——北祁连造山带奥陶纪—泥盆纪的沉积盆地与构造演化[J].地质通报,23(9-10):911-917.

付国斌,李兴亮,2002.六盘山盆地中新生带沉积地层[J].新疆石油学院学报,14(2):24-27.

甘肃省地质矿产局,1985.甘肃省区域地质志[M].北京:地质出版社.

葛肖虹,马文璞,刘俊来,等,2009.对中国大陆架构造格架的讨论[J].中国地质,5(36):949-965.

国家地震局地质研究所,宁夏地震局,1990.海原活动断裂带[M].北京:地震出版社.

李斌,2019.鄂尔多斯盆地西部冲断带构造与控油气因素研究[D].西安:西北大学.

李冰,2020.祁连造山带早古生代构造演化与新生代陆内生长变形研究[D].北京:中国地质科学院.

李宁生,冯志民,朱秦,等,2016.宁夏区域重磁资料开发利用研究[M].北京:地质出版社.

李天斌,2006.鄂尔多斯盆地西缘逆冲推覆构造特征及演化[D].北京:中国地质大学(北京).

李天斌,张学文,王成,2006,等.北祁连山东段海原一带海原群变质岩原岩恢复及其构造背景[J].地质通报,25(1/2):194-203.

林秀斌,2009.六盘山地区中新生代构造事件及沉积响应[D].杭州:浙江大学.

刘亢,曹代勇,徐浩,等,2014.鄂尔多斯煤盆地西缘古构造应力场演化分析[J].中国煤炭地质,26(8):87-90.

刘昆鑫,2014.阿拉善地块中元古代—早古生代地壳演化[D].兰州:兰州大学.

刘侠,黄立人,杨国华,等,2003.北祁连—河西走廊地区垂直形变与构造应力场关系的初步研究[J].地震地质,25(2):307-315.

闵刚,2012.宁夏弧形构造带中上地壳电性结构及其构造涵义[D].成都:成都理工大学.

屈红军,李文厚,何希鹏,等,2003.六盘山盆地下白垩统沉积层序与含油气系统[J].西北大学学报(自然科学版),33(1):70-74.

施炜,张岳桥,马寅生,等,2006.六盘山盆地形成和改造历史及构造应力场演化[J].中国地质,33(5):1066-1074.

施炜,刘源,刘洋,等,2013.青藏高原东北缘海原断裂带新生代构造演化[J].地学前缘,20(4):1-17.

舒志国,2007.六盘山盆地西缘逆掩推覆构造的发现与油气地质意义[J].石油天然气学报,29(3):176-177.

宋述光,1997.北祁连山俯冲杂岩带的构造演化[J].地球科学进展,12(4):351-365.

宋新华,张鹏川,程建华,等,2015.六盘山盆地时空演化与岩盐成矿[M].北京:地质出版社.

汤桦,白云来,房乃珍,等,2006.鄂尔多斯盆地西部"古陆梁"的形成和演化[J].甘肃地质,15(1):3-9.

汤济广,梅廉夫,李祺,等,2009.六盘山盆地构造演化及对成藏的控制[J].石油天然气学报,31(5):1-6.

汤锡元,郭忠铭,王定一,1988.鄂尔多斯盆地西部逆冲推覆构造带特征及其演化与油气勘探[J].石油与天然气地质,9(1):1-10.

王成,程建华,孟方,等,2017.宁夏区域地质志[M].北京:地质出版社.

王勇,施玮,2007.六盘山盆地白垩纪构造变形分析及其盆地形成演化[J].煤炭技术,26(11):101-104.

魏方辉,2013.北祁连造山带东端早古生代物质组成、变形特征及其构造演化过程[D].西安:长安大学.

吴才来,徐学义,高前明,等,2010.北祁连早古生代花岗质岩浆作用及构造演化[J].岩石学报,26(4):1027-1044.

吴文忠,马瑞赟,潘进礼,等,2018.宁夏西吉盆地花岗岩地球化学特征、锆石 U-Pb 年龄及其地质意义[J].地质通报,37(7):1271-1278.

夏时斌,2013.六盘山及邻区中上地壳电性结构研究[D].成都:成都理工大学.

谢富仁,舒塞兵,窦素芹,2000.海原、六盘山断裂带至银川断陷第四纪构造应力场分析[J].地震地质,22(2):139-146.

杨福忠,胡社荣,2001.六盘山盆地中、新生代构造演化和油气勘探[J].新疆石油地质,22(3):192-195.

杨福忠,刘三军,1997.六盘山盆地构造特征及勘探方向[J].勘探家,2(4):27-30.

杨华,陶家庆,欧阳征健,等,2011.鄂尔多斯盆地西缘构造特征及其成因机制[J].西北大学学报(自然科学版),41(5):863-868.

杨勇,闫国祥,2017.宁夏西吉盆地磁异常带综合地球物理特征及其地质认识[J].西部探矿工程(4):129-132.

杨振宇,袁伟,仝亚博,等,2014.阿拉善地块前中生代构造归属的新认识[J].地球学报,35(6):673-681.

翟光明,宋建国,靳久强,等,2002.板块构造演化与含油气盆地形成和评价[M].北京:石油工业出版社.

翟明国,2019.华北克拉通构造演化[J].地质力学学报,25(5):722-745.

詹艳,2008.青藏高原东北缘地区深部电性结构及构造涵义[D].北京:中国地震局地质研究所.

詹艳,赵国泽,王继军,等,2004.六盘山盆地的大地电磁探测[J].石油地球物理勘探,39(增刊):80-84.

詹艳,赵国泽,王继军,等,2005.青藏高原东北缘海原弧形构造区地壳电性结构探测研究[J].地震学报,27(4):431-440.

张家声,李燕,韩竹均,2003.青藏高原向东挤出的变形响应及南北地震带构造组成[J].地学前缘,10(特刊):168-175.

张建新,宫江华,2018.阿拉善地块性质和归属的再认识[J].岩石学报,34(4):940-962.

张建新,路增龙,毛小红,等,2021.青藏高原东北缘早古生代造山系中前寒武纪微陆块的再认识——兼谈原特提斯洋的起源[J].岩石学报,37(1):74-94.

张建新,许志琴,李海兵,等,1997.北祁连加里东造山带从挤压到伸展造山机制的转换[J].长春地质学院学报,27(3):277-283.

张建新,许志琴,徐惠芬,等,1998.北祁连加里东期俯冲-增生楔结构及动力学[J].地质科学,33(3):290-299.

张进,2002.陕甘宁地区古生代以来的构造及演化特征研究[D].北京:中国地震局地质研究所.

张进,马宗晋,任文军,2000.鄂尔多斯盆地西缘逆冲带南北差异的形成机制[J].大地构造与成矿学,2(24):124-133.

张磊,2009.六盘山盆地白垩系沉积构造演化及原型盆地研究[D].青岛:中国石油大学(华东).

张庆龙,解国爱,任文军,等,2002.鄂尔多斯盆地西缘南北向断裂的发育及其地质意义[J].石油实验地质,24(2):119-125.

张岳桥,廖昌震,施炜,2006.鄂尔多斯盆地周边地带新构造演化及其区域动力学背景[J].高校地质学报,12(3):285-297.

章贵松,张军,任军峰,等,2006.六盘山弧形冲断体系构造新认识[J].新疆石油地质,27(5):542-544.

赵国泽,詹艳,王立凤,等,2010.鄂尔多斯断块地壳典型结构[J].地震地质,32(3):345-359.

郑文俊,张博譞,袁道阳,等,2021.阿拉善地块南缘构造活动特征与青藏高原东北缘向外扩展的最新边界[J].地球科学与环境学报,43(2):224-236.

周特先,王利,曹明志,1985.宁夏构造地貌格局及其形成与发展[J].地理学报,40(3):215-224.

朱志澄,1990.逆冲推覆构造[M].北京:地质出版社.

后 记

  本书以宁夏深部探测方法研究示范创新团队项目"固原地区深部构造格架及其演化特征研究"成果为基础，重点对宁夏南部弧形构造带的构造体系及演化特征进行了较为深入的分析，在前人取得成果的基础上形成了新的认识。通过研究，全面分析了宁南弧形构造带的断裂展布特征，精细厘定了不同构造层断裂体系的空间展布性状，详细解译了深部、中深部、浅部区域次一级局部构造形态及深浅部构造转化特征，针对性分析了区域构造应力场及时空演化特征。

  在本书的编纂过程中，工程师虎新军作为总负责人确定了主要内容及技术思路；博士生导师刘天佑教授与正高级工程师李宁生作为技术顾问，对章节编排的合理性及行文逻辑的严谨性提出了大量建设性的建议。具体地，前言由陈晓晶编写，第一章至第三章由虎新军编写，第四章由陈晓晶编写，第五章和第六章由虎新军、仵阳编写，全书由虎新军、陈晓晶负责统稿与修改。所有图件由虎新军编制，陈晓晶、单志伟负责整理与清绘成图。

  本书能够顺利出版，不仅是宁夏深部探测方法示范创新团队与宁夏回族自治区青年拔尖人才培养工程计划项目共同资助的结果，同时也是宁夏重磁资料开发利用技术创新中心、宁夏深部探测研究中心与宁夏地质矿产资源勘查开发创新团队强有力的技术支撑的典型示范。此外，本书所涵盖的大量研究成果，离不开项目组其他技术人员的辛勤付出，离不开宁夏回族自治区科技厅、宁夏回族自治区地质局及宁夏回族自治区地球物理地球化学调查院各位领导的指导与关怀，在此一并表示诚挚的感谢。

  由于本书的研究基础资料是1∶20万重力资料，资料精度有限，且研究领域涉及地球物理、地质构造等多个方面，鉴于著者的水平所限，书中难免出现错误与疏漏之处，恳请读者批评指正。

著 者

2022年6月